大数据管理与应用

新形态精品教材

Python
数据分析及应用

徐娟 何锋 尹传娟◎主编

沈湘芸 程国恒 廖秋筠◎副主编

人民邮电出版社

北 京

图书在版编目（CIP）数据

Python 数据分析及应用 / 徐娟，何锋，尹传娟主编.
北京：人民邮电出版社，2025. --（大数据管理与应用
新形态精品教材）. -- ISBN 978-7-115-66121-0

Ⅰ. TP312.8

中国国家版本馆 CIP 数据核字第 2025KB1158 号

内 容 提 要

　　本书注重对零基础读者的 Python 程序设计与 Python 数据分析技能的培养，并通过大量的实战案例，帮助读者掌握数据处理、分析与可视化的方法。全书共 11 章，包括 Python 基础应用、基本数据类型、程序的控制结构、函数、组合数据类型、Python 文件操作、pandas 数据分析、Python 时间序列分析、Python 可视化分析、NumPy 科学计算、Python 机器学习。

　　本书可作为高等院校经济统计学、金融数学、会计学、大数据管理与应用、电子商务等专业相关课程的教材，也可作为数据分析、商业分析等方向从业人员的参考书。

◆ 主　　编　徐　娟　何　锋　尹传娟
　　副 主 编　沈湘芸　程国恒　廖秋筠
　　责任编辑　赵广宇
　　责任印制　胡　南

◆ 人民邮电出版社出版发行　　北京市丰台区成寿寺路 11 号
　　邮编　100164　　电子邮件　315@ptpress.com.cn
　　网址　https://www.ptpress.com.cn
　　三河市中晟雅豪印务有限公司印刷

◆ 开本：787×1092　1/16
　　印张：14.25　　　　　　　　　　　2025 年 1 月第 1 版
　　字数：381 千字　　　　　　　　　2025 年 1 月河北第 1 次印刷

定价：59.80 元

读者服务热线：**(010)81055256**　印装质量热线：**(010)81055316**
反盗版热线：**(010)81055315**
广告经营许可证：京东市监广登字 20170147 号

前　言

　　数据分析是通过对收集到的数据进行处理、整理、分析和解释，以提取有用信息和形成结论的过程。它可以帮助我们更好地理解数据背后的规律和趋势，为决策提供支持。在大数据时代，数据正以前所未有的速度重塑着世界。无论是商业决策、科学研究，还是医疗健康、金融风控，甚至日常生活中的个性化推荐，都离不开对数据的有效分析。可以说，数据分析已经渗透到我们生活的方方面面，成为推动社会进步的重要引擎。

　　Python 作为一门易学、易用且功能强大的编程语言，凭借丰富的数据科学库、强大的社区支持和持续的创新活力，使其迅速成为数据分析领域的首选工具之一。

　　本书从 Python 的基础开始，循序渐进地讲解 Python 在数据分析领域中的核心知识，包括程序的控制结构、数据类型、函数和文件、pandas、NumPy、时间序列分析、可视化分析、机器学习等内容。本书注重实践教学，书中的内容以财经类案例为主，旨在为读者提供全面、系统、实用的 Python 财经类数据分析知识。

　　本书的特色如下。

　　（1）完整的数据分析流程，赋能全方位教学实践。本书从数据处理、分析、可视化的全流程展开，涵盖数据分析领域的各个环节。这有助于培养读者系统的数据处理思维和扎实的数据分析能力。

　　（2）贯彻数财融合理念，提供充足的财经类案例。本书深入贯彻落实"数据+财经"的复合型人才培养理念，每章提供丰富的财经类数据分析案例，全方位提高读者的应用能力。

　　（3）理论与实践相结合，注重"学练测"一体化。本书注重理论与实践相结合，不仅介绍数据分析的理论知识，还通过丰富的练习题和实训，将理论知识应用到实际场景中，实现教材的"学练测"一体化。这有助于读者理解和掌握数据分析的实际操作技巧，并能够将其灵活地应用于实际工作中。

　　（4）配套实验项目与习题解答，助力实际教学。本书搭配实验指导与习题解答手册，提供丰富的、与主教材对应的实验项目，满足上机实验的学时要求。此外，本书还提供习题解答，有助于用书教师开展教学，降低教学成本。

　　本书由徐娟、何锋、尹传娟担任主编，由沈湘芸、程国恒、廖秋筠担任副主编。此外，本书还有多位云南财经大学信息学院的教师参与编写，参编教师均长期承担 Python 程序设计相关课程的教学任务，具有丰富的教学经验。本书第 1 章由胡丹编写，第 2 章由陈丽花编写，第 3 章由徐娟编写，第 4 章由廖秋筠编写，第 5 章由肖平编写，第 6 章由沈湘芸编写，第 7 章由尹传娟编写，第 8 章由刘芬编写，第 9 章由甘桔编写，第 10 章由程国恒编写，第 11 章由何锋编写。本书的编写得到了云南财经大学各级领导的大力支持，在此表示衷心的感谢！

在编写本书的过程中，编者已经尽最大努力避免在代码和文本中出现不妥之处，但由于编者水平有限，书中难免存在疏漏和不足之处，敬请广大读者批评指正。

编　者

2024 年 12 月

目　录

第1章
Python 基础应用

学习目标

了解什么是数据分析及数据分析的基本流程；了解 Python 的发展及特点、开发环境的配置；掌握 Python 程序的编写方法及基本语法规则。

本章导读

天气数据分析

每天我们都会关注天气信息，增减衣物、安排出行等。商家利用天气数据分析消费者的购物行为和出行习惯，从而制定更具针对性的营销策略。通过分析土壤温度、降雨量等数据，农民可以更准确地决定种植何种作物、何时播种或灌溉。政府部门通过分析天气数据来预测自然灾害对社会经济的影响，从而制定更加精准的防灾减灾政策。

随着科技的进步和数据采集与分析能力的提升，天气数据分析将在未来发挥更为重要的作用。那么如何进行天气数据分析？

随着社会信息化程度的不断提高，数据逐渐成为企业和组织的重要资源，但是海量的数据无法直接为决策提供有用的信息，必须通过数据分析，从中发现有价值的信息，揭示数据背后的规律和趋势。企业使用数据分析，可以提高决策的有效性和科学性，可以提高效率和优化流程，可以发现潜在的机会和问题，可以预测未来趋势，降低风险等。

本章介绍什么是数据分析及数据分析的基本流程，选用 Python 进行数据分析；介绍 Python 开发环境的配置方法，Python 第三方库的安装和使用，如何使用 Python 编写程序和 Python 的基本语法规则等。

1.1 数据分析基础

1.1.1 什么是数据分析

数据分析是指用适当的统计分析方法对收集的大量数据进行分析，将它们加以汇总和理解并消化，以求最大化地开发数据的功能，发挥数据的作用。数据分析是为了提取有用信息和形成结论而对数据加以详细研究和概括总结的过程。

数据分析的目的是把隐藏在一大批看起来杂乱无章的数据中的信息提炼出来，找出所研究对象的内在规律。在实际应用中，数据分析可帮助人们做出判断，以便采取适当行动。

数据分析可分为描述性统计、探索性数据分析、验证性数据分析、预测数据分析和文本数据分析。描述性统计侧重于对数据进行基本信息的描述，探索性数据分析侧重于发现数据中的新特征，而验证性数据分析则侧重于确认或伪造现有假设。预测数据分析侧重于应用统计模型进行预测或分类，而文本数据分析主要是从文本源中提取信息并对其进行分类，如词频分析、语义分析、主题分析、情感分析、文本聚类等。

1.1.2　数据分析的基本流程

数据分析的基本流程大致可以分为以下几个部分。

（1）数据采集或获取

数据是从各种来源采集或获取的。例如有数据分析需求的公司一般都有内部的数据库，分析人员可以通过SQL（Structured Query Language，结构化查询语言）查询语句来获取数据库中想要的数据。获取外部数据主要有两种方式，一是获取网站（例如国家统计局网站）上公开的数据；二是通过编写爬虫代码自动爬取数据，例如使用Python爬虫来获取数据。

（2）数据预处理

数据预处理也称数据清洗。大多数情况下，获取的数据都需要进行预处理，例如缺失值处理、重复值处理、数据类型检查、检测异常值等。可以使用Python中的NumPy和pandas库进行数据预处理。

（3）数据建模和分析

对清洗后的数据进行建模和分析，一般结合项目需求来选取模型，同时要清楚数据的结构。主要使用Statsmodels和scikit-learn两个库。Statsmodels允许用户浏览数据，估计统计模型和执行统计测试；可以为不同类型的数据和每个估算器提供广泛的描述性统计、统计测试及结果统计。scikit-learn则是著名的机器学习库，可以迅速使用各类机器学习算法。

（4）数据可视化分析

Python中有两个专门用于可视化的库，即Matplotlib和Seaborn，使用这两个库可以让我们很容易地完成数据可视化分析。Matplotlib主要用于二维绘图，可以轻松地将数据图形化，并且提供多样化的输出格式。Seaborn是基于Matplotlib产生的一个库，专门用于统计可视化，可以和pandas进行无缝链接。

（5）数据报告生成

完成数据分析后，需要将结果以报告的形式呈现出来。使用Python中的pandas和ReportLab库可以生成不同格式的报告。

1.1.3　Python与数据分析

Python是一门动态的、面向对象的脚本语言，同时也是一门简洁、通俗易懂的编程语言。Python

入门简单，代码可读性强。一段好的 Python 代码，阅读起来像是在读一篇外语文章。Python 的这种特性可以使使用者只关心完成什么样的工作任务，而不是纠结于 Python 的语法。

另外，Python 是开源的，它拥有非常多优秀的库，可以用于数据分析及其他领域。更重要的是，Python 与非常受欢迎的开源大数据平台 Hadoop 具有很好的兼容性。因此，对于有志于向大数据分析岗位发展的人来说，学习 Python 是一件非常节省学习成本的事。

Python 在数据分析方面具有以下优势。

（1）Python 不受数据规模的约束，能够处理大规模数据。

（2）Python 中的 scikit-learn 库提供了丰富的数据挖掘和人工智能方法，为使用者分析各种场景提供方法支持。

（3）Python 的自动数据分析功能能够显著提升工作效率。

（4）Python 能够绘制各种数据图表。

（5）Python 能够实现对海量数据进行高效采集。

1.2　Python 概述

1.2.1　Python 的发展

1989 年圣诞节期间，在阿姆斯特丹，吉多·范罗苏姆（Guido van Rossum）为了打发圣诞节的无趣，开发了一门新的脚本语言——Python，作为 ABC 语言的替代品。吉多·范罗苏姆之所以选择 Python（大蟒蛇的意思）作为该语言的名字，是因为他是一个叫 Monty Python 的喜剧团体的"粉丝"。

1991 年，Python 的第一个版本发布；2000 年年底，Python 2.0 发布，解决了之前版本中的诸多问题，开启了 Python 广泛应用的新时代。Python 3.0 于 2008 年年底发布，解决和修正了以前版本的内在设计缺陷。但是 Python 3.0 不能向后兼容 Python 2.0，所以 2010 年 7 月又发布了 Python 2.7，作为 Python 2.x 版本的最后一个版本。发布 Python 2.7 的目的在于通过提供一些增加 Python 2.x 与 Python 3.0 之间兼容性的功能，使 Python 2.x 的用户更容易将功能移植到 Python 3.0 上。

目前，绝大部分 Python 库和 Python 程序员都采用 Python 3.0 版本系列语法和解释器，本章将介绍 Python 3.12.3 的使用。

1.2.2　Python 的特点

Python 是一门十分强大的语言，它结合了高性能与使得编写程序简单、有趣的特点，得到了广泛的应用。Python 的一些重要特点如下。

（1）简单：Python 是一门简单的语言，它可让使用者专注于解决问题的办法而不是语言本身。

（2）易学：Python 很容易上手，因为它的语法很简单。

（3）运行速度快：Python 的底层是用 C 语言编写的，很多标准库和第三方库也都是用 C 语言编写的，运行速度非常快。

（4）免费、开源：Python 是 FLOSS（自由/开放源代码软件）之一，使用者可以自由地发布这个软件的副本、阅读它的源代码、对它做改动、把它的一部分用于新的自由软件中等。

（5）可移植性：由于它的开源本质，Python 已经被移植在许多平台上。

（6）解释性：可以直接从源代码运行。在计算机内部，Python 解释器把源代码转换为字节码的中间形式，然后把它翻译成计算机使用的机器语言。

（7）面向对象：Python 既支持面向过程的编程，也支持面向对象的编程。

（8）可扩展性：如果需要一段关键代码运行得更快或者希望某些算法不被公开，可以将部分程序用 C 语言或 C++编写，然后在 Python 程序中使用它们。

（9）可嵌入性：可以把 Python 嵌入 C/C++程序，从而提供脚本功能。

（10）丰富的库：Python 标准库很庞大，它可以帮助处理各种工作。

1.3　Python 开发环境配置

1.3.1　Python 解释器的安装

Python 是一门解释型语言，想要运行 Python 代码，必须通过解释器来实现。Python 解释器可以在 Python 官方网站上下载。

在网站的下载页面（见图 1-1）找到需要下载的版本，这里我们选择 Python 3.12.3。

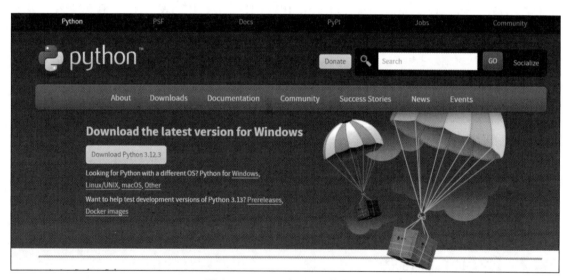

图 1-1　Python 解释器下载页面

下载完成后，打开下载文件所在的目录，双击下载的安装文件，进入图 1-2 所示的安装界面，依次按照提示完成安装过程。

安装完成后按 Win+R 键，在打开的对话框的文本框中输入"cmd"并单击"确定"按钮。在打开的窗口中输入 python 并按 Enter 键，如果显示图 1-3 所示的内容，说明 Python 解释器安装成功了。

图 1-2　Python 解释器安装界面

图 1-3　Python 解释器安装成功

这时 Python 安装包已经在系统中安装了一批与 Python 开发和运行相关的程序，其中最重要的两个就是 Python 命令行和 Python 集成开发环境（Integrated Development Environment，IDLE）。

找到新安装的 Python 3.12.3，运行 IDLE，可以进入图 1-4 所示的 IDLE。

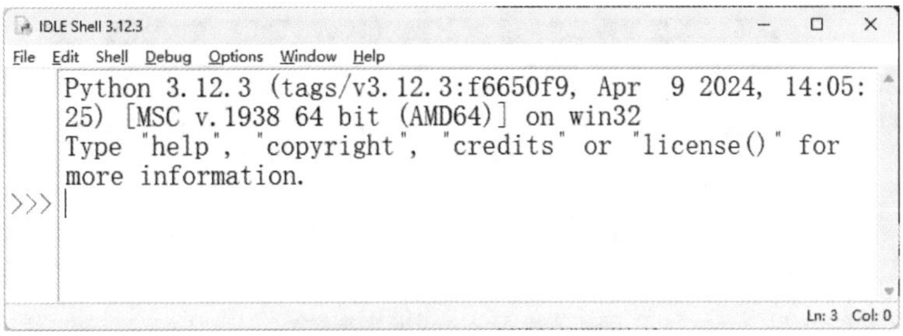

```
IDLE Shell 3.12.3
File  Edit  Shell  Debug  Options  Window  Help
Python 3.12.3 (tags/v3.12.3:f6650f9, Apr  9 2024, 14:05:
25) [MSC v.1938 64 bit (AMD64)] on win32
Type "help", "copyright", "credits" or "license()" for
more information.
>>>
                                                                    Ln: 3  Col: 0
```

图 1-4　Python 的 IDLE

1.3.2　Anaconda 开发环境的安装

我们也可以选择安装另外一种更加高效、智能的 Python IDLE——Anaconda。Anaconda 集成了很多和数据科学、机器学习相关的 Python 第三方开源库，使用更友好和方便；Anaconda 提供了包管理与环境管理的功能，可以很方便地解决多版本 Python 并存、切换以及各种第三方库安装问题。

可以通过 Anaconda 官网下载安装包，或者通过清华镜像网站下载，如图 1-5 所示。这里我们下载 Anaconda3-2023.09-0-Windows-x86_64 安装包。

图 1-5　清华镜像网站 Anaconda 安装包下载界面

下载完成后，打开下载文件所在的目录，双击下载的安装文件，进入图 1-6 所示的安装界面，依次按照提示完成安装过程。

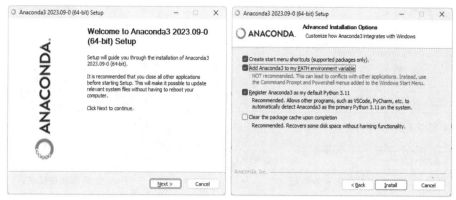

图 1-6　Anaconda 安装界面

　　安装完成后按 Win+R 键，在打开的对话框的文本框中输入"cmd"并单击"确定"按钮。在打开的窗口中输入 conda --version 并按 Enter 键，如果显示图 1-7 所示的内容，说明 Anaconda 安装成功了。

图 1-7　Anaconda 安装成功

　　从"开始"菜单启动 Spyder 或者 Jupyter Notebook，就可以编写自己的 Python 程序了。Spyder 工作界面如图 1-8 所示。

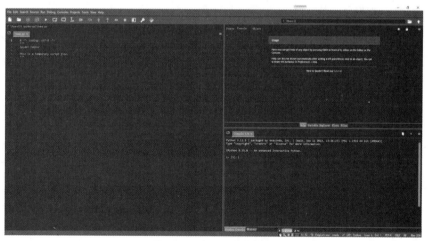

图 1-8　Spyder 工作界面

1.3.3　Python 第三方库

　　Python 有一套很有用的标准库。标准库会随着 Python 解释器一起安装在使用者的计算机中。

标准库是 Python 为程序员准备好的"利器"，可以让编程事半功倍。同时 Python 社区提供了大量的第三方库，其使用方式与标准库的类似。第三方库的功能非常强大，覆盖科学计算、Web 开发、数据库接口、图形系统等领域，并且大多成熟且稳定。需要注意的是，在 Python 中，具有某些功能的模块和包都可以被称为库。

下面介绍两个常用库的安装与使用。

1. pip 的安装与使用

pip 是 Python 的包管理工具，该工具提供了对 Python 包的查找、下载、安装、卸载等功能。如果在 Python 官网下载最新版本的安装包，则已经自带了该工具。可以通过在命令行（控制台）中执行以下命令来判断是否已安装 pip：

```
pip -version
```

如果未安装 pip，则可以执行以下命令来安装 pip：

```
$ curl https://bootstrap. pypa. io/get-pip. py -o get-pip. py    # 下载安装脚本
$ sudo python3 get-pip. py    # 运行安装脚本
```

部分 Linux 发行版可直接用包管理器安装 pip，如 Debian 和 Ubuntu：

```
sudo apt-get install python-pip
```

pip 常用命令如下。

（1）显示版本和路径：pip -version。

（2）获取帮助信息：pip -help。

（3）升级 pip：sudo easy_install -upgrade pip。

（4）安装包：pip install SomePackage==1. 0. 4。其中，SomePackage 为具体的包名称。

（5）升级包：pip install -upgrade SomePackage。

（6）卸载包：pip uninstall SomePackage。

（7）搜索包：pip search SomePackage。

（8）显示安装包信息：pip show。

（9）查看指定包的详细信息：pip show -f SomePackage。

（10）列出已安装的包：pip list。

（11）查看可升级的包：pip list -o。

2. PyInstaller 的安装与使用

PyInstaller 是一个十分有用的第三方库，它能够在 Windows、Linux、macOS 等操作系统下将 Python 源文件打包，通过对源文件打包，Python 程序可以在没有安装 Python 的环境中运行，也可以作为一个独立文件，方便传递和管理。

PyInstaller 需要在命令行（控制台）下用 pip 工具安装：

```
pip install pyinstaller
```

如需升级 PyInstaller，可以执行以下命令：

```
pip install --upgrade pyinstaller
```

使用 PyInstaller 十分简单，先在命令行中找到要打包的.py 文件目录，再使用如下命令，就会生成可执行文件（.exe 文件）。

```
pyinstaller -F <文件名.py>
```

PyInstaller 的控制参数如表 1-1 所示。

表 1-1　PyInstaller 的控制参数

参数	说明
-h	查看帮助信息
-D --onedir	默认值，生成 dist 文件夹
-F　--onedir	在 dist 文件夹中只生成独立打包的文件
--clean	清理打包过程中的临时文件
-i <图标名.ico>	指定打包时使用的图标文件

1.3.4　编写 Python 程序

例 1-1　编写并运行第一个 Python 程序。

对于大多数编程语言，第一个入门编程代码便是输出"Hello，World!"，使用 Python 输出"Hello，World!"的代码为：print("Hello，World!")。

找到并运行 Python 3.12.3 的 IDLE，进入图 1-4 所示的 IDLE，在"＞＞＞"提示符后输入代码 print("Hello，World!")并按 Enter 键，就可以得到运行结果，如图 1-9 所示。

图 1-9　例 1-1 程序运行结果

运行 Python 程序有两种方式，即交互式和文件式。交互式即 Python 解释器即时响应用户输入的每条代码，给出输出结果。前面的例 1-1 程序就是交互式运行的。文件式则需要将 Python 代码写在一个或多个文件中，通常可以按照 Python 的语法格式编写代码，并保存成.py 格式的文件，然后由 Python 解释器批量执行文件中的代码。

例 1-2　长方形面积的计算。

在 IDLE 中选择"File"→"New File"，在打开的窗口中输入以下代码，如图 1-10（a）所示：

```
a=4
b=7
s=a*b
print("s=",s)
```

选择"File"→"Save"，把这个文件保存为 eg1-2，选择"Run"→"Run Module"，得到图 1-10（b）所示的运行结果。

（a）例 1-2 代码　　　　　　　　　　（b）运行结果

图 1-10　例 1-2 代码及运行结果

例 1-3 绘制一个五角星。

在 IDLE 中选择"File"→"New File",在打开的窗口中输入以下代码:

```python
import turtle
import time

turtle. pensize (4)
turtle. pencolor ("yellow")  #画笔为黄色
turtle. fillcolor ("red")  #内部填充红色

#绘制五角星
turtle. begin_fill ()
for i in range (5)：#重复执行 5 次
turtle. forward (200)  #向前移动 200 步
turtle. right (144)　#向右移动 144°，注意这里的参数一定不能变
turtle. end_fill ()  #结束填充红色
time. sleep (1)
```

选择"File"→"Save",把这个文件保存为 eg1-3,选择"Run"→"Run Module",得到图 1-11 所示的运行结果。

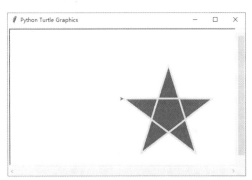

图 1-11　例 1-3 程序运行结果

1.4　Python 基本语法规则

本节以国内生产总值(Gross Domestic Product,GDP)计算为例,介绍 Python 程序的结构及基本语法规则。Python 语法清晰,代码的可读性强,本节帮助读者理解 Python 的基本语法,为进一步学习打下基础。

1.4.1　缩进与对齐

Python 程序代码通过缩进和对齐表示代码间的逻辑关系。缩进指代码开头的空格,一次缩进为 4 个空格(按 Tab 键)。处于同一逻辑关系或层次级别相同的代码具有相同的缩进,即对齐。缩进和对齐增强了代码的可读性,使代码层次分明,逻辑关系清晰。如例 1-4 中第 6 行到第 8 行代码从属于第 5 行代码,它们构成代码的缩进结构。

例 1-4 GDP 计算：2023 年，中国 GDP 约为 17.89 万亿美元，增长率为 5.20%，美国 GDP 约为 27.36 万亿美元，增长率为 2.5%，按此增长率计算，多少年后中国的 GDP 能超过美国的 GDP，如果中国 GDP 增长率可以达到 7%呢？

在 IDLE 中选择"File"→"New File"，在打开的窗口中输入以下代码：

```
gdpChina = 17.89e12
gdpAmerica = 27.36e12
Growth_rate= float(input("请输入中国 GDP 增长率：")) #可以输入不同的中国 GDP 增长率
y = 2023
while (gdpChina <= gdpAmerica): #判断中国的 GDP 是否超过美国的 GDP
    y = y + 1      #如果没有超过，则年份增加 1
    gdpChina = gdpChina * (1 + Growth_rate)
    gdpAmerica = gdpAmerica * (1 + 0.025)
print(y ,"年中国的 GDP 能超过美国的 GDP")
print("中国的 GDP 为：", gdpChina,"美国的 GDP 为：", gdpAmerica)
```

选择"File"→"Save"，把这个文件保存为 eg1-4，选择"Run"→"Run Module"，得到图 1-12 所示的运行结果。

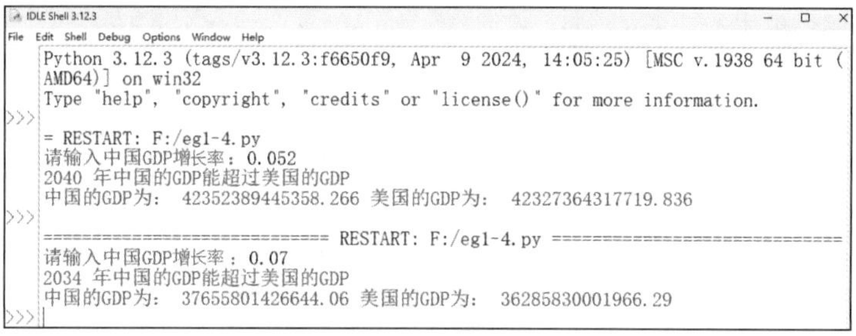

图 1-12 例 1-4 程序运行结果

1.4.2 注释

注释是对代码进行解释或说明的文字信息，它能够增强代码的可读性，帮助理解代码，尤其是在大型项目开发和团队项目中，注释是必不可少的。注释不会被编译和执行。如例 1-4 中的第 3、5、6 行就分别有一个单行注释。

注释分为单行注释和多行注释，单行注释以#开头，可以作为单独的一行放在被注释代码行之前，也可以放在被注释代码行之后；多行注释以 3 个单引号或者双引号开头和结尾。

单行注释用法：

```
#这是一个单行注释
print("hello world!")    #放置在语句之后的注释
```

多行注释用法：

```
'''
这是一个多行注释，使用单引号
这是一个多行注释，使用单引号
'''


"""
```

```
这是一个多行注释，使用双引号
这是一个多行注释，使用双引号
"""
```

> **注意**
>
> 注释不是越多越好，对于一目了然的代码，不需要添加注释；对于不是一目了然的代码，应该添加注释。

1.4.3　变量

变量指其值会发生变化的量。为了方便地使用变量，需要对变量命名。变量名是标识符的一种，必须要遵守 Python 标识符命名规则，标识符由字母、数字、下画线"_"组成，但不能以数字开头，如 abc、ab_1、Abc_2_1 等。以下画线开头的标识符有特殊含义，除非特别需要，应避免使用以下画线开头的标识符。标识符不能和 Python 保留字或函数名相同。Python 标识符是严格区分大小写的，也就是说 abc 与 Abc 是两个不同的变量。标识符命名应既简短又具有描述性，例如命名为 name 比 n 好。例 1-4 中的 gdpChina、gdpAmerica、Growth_rate 都是变量名。

1.4.4　赋值

Python 变量的赋值是指将数据放入变量的过程。Python 是动态类型语言，变量无须声明数据类型就可以直接赋值，对一个不存在的变量赋值就相当于创建（或定义）了一个新变量，变量的类型和值在赋值那一刻被初始化。变量赋值通过赋值号"="来实现，它的作用是将"="右边的值分配给"="左边的变量。Python 还可以同时给多个变量赋同一个值。

例如：

```
y = 2023
Growth_rate=0.052
s="Hello world!"
y = y + 1
gdpAmerica = gdpAmerica * (1 + 0.025)
```

这是几个变量赋值的例子。第 1 个是整数赋值，第 2 个是小数赋值，第 3 个是字符串赋值，第 4 个是使 y 的值增加 1，第 5 个是把右边的表达式计算之后再赋值给左边的变量。

Python 也支持增量赋值，就是将运算符和赋值号合并在一起，如：

```
m=m+1
n=n*10
```

将上面的例子改成增量赋值方式为：

```
m+=1
n*=10
```

Python 赋值运算符见表 1-2。

表 1-2　Python 赋值运算符

赋值运算符	说明	示例
=	将右侧数值或表达式的值赋给左侧变量	c=5 表示将数值 5 赋给 c
+=	将右侧的值加到左侧的变量上，并将结果赋给左侧的变量	c+=3 等价于 c=c+3

续表

赋值运算符	说明	示例
-=	从左侧的变量中减去右侧的值，并将结果赋给左侧的变量	c-=3 等价于 c=c-3
*=	将左侧的变量乘以右侧的值，并将结果赋给左侧的变量	c*=5 等价于 c=c*5
/=	将左侧的变量除以右侧的值，并将结果赋给左侧的变量	c/=2 等价于 c=c/2
%=	计算左侧的变量除以右侧值的余数，并将结果赋给左侧的变量	c%=5 等价于 c=c%5
**=	执行指数（幂）计算，并将结果赋给左侧的变量	c**=3 等价于 c=c**3
//=	执行整数除法，将左侧的变量除以右侧的值并向下取整，然后将结果赋给左侧的变量	c//=6 等价于 c=c//6

例 1-4 的第 1、2、3、4、6、7、8 行代码中的 "=" 均为赋值号：

```
gdpChina = 17.89e12                                    #第 1 行代码
gdpAmerica = 27.36e12                                  #第 2 行代码
Growth_rate=float（input（"请输入中国 GDP 增长率："））  #第 3 行代码
y = 2023                                               #第 4 行代码
y = y + 1                                              #第 6 行代码
gdpChina = gdpChina * (1 + Growth_rate)                #第 7 行代码
gdpAmerica = gdpAmerica * (1 + 0.025)                  #第 8 行代码
```

1.4.5　保留字

保留字（又称为关键字）指被编程语言内部定义并使用的标识符，其被赋予了特殊的意义。这些标识符不能再作为变量名、函数名或任何其他用户定义的名字。每个保留字都有其特定的用途和规则。每一种编程语言都有保留字，Python 3.x 的保留字可以使用 keyword 库中的 kwlist 命令进行显示，结果如图 1-13 所示。

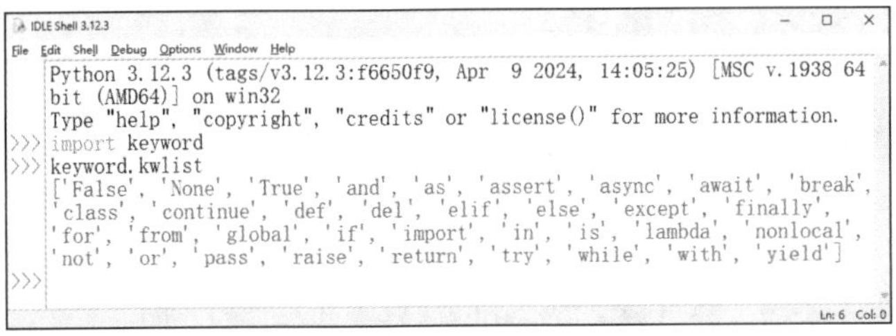

图 1-13　Python 3.x 的保留字

以下是一些常用保留字的说明。

False、True：布尔值 False 和 True。

None：表示 null 值。

and、or、not：逻辑运算符。

if、elif、else：条件语句。

for、while：循环控制语句。

break、continue：在循环中使用，分别用于退出当前循环和跳过当前循环的剩余部分，继续下一次循环。

def：用于定义函数。

return：在函数中用来返回值。

class：用于定义类。

try、except、finally、raise：异常处理语句。

import、from、as：用于导入模块。

lambda：用于定义匿名函数。

with：用于简化异常处理，同时自动处理资源清理工作。

async、await：用于定义和处理异步操作。

1.4.6　基本输入和输出

1. 输入函数——input()

input()用于获得用户输入的值，但需要注意的是，无论用户输入什么内容，input()的返回值始终是字符型的。书写格式为：

```
input(<提示信息>)
```

例如：

```
input("请输入一个数字：")
请输入一个数字：96.56
'96.56'
input("请输入一串字符：")
请输入一串字符：Hello world!
'Hello world!'
```

由此可见，不论用户输入的是数字还是字符，最终都会变成一串字符（两边由单引号定界）。

在例 1-4 中，第 3 行代码使用 input()来获得用户输入的中国 GDP 增长率，并将其转换为 float 数值类型赋值给 Growth_rate 变量。

2. 输出函数——print()

print()用于输出信息或变量的值，它可以将文本、变量、表达式等内容输出出来，方便进行调试和查看结果。书写格式为：

```
print(*objects, sep=' ', end='\n', file=sys.stdout, flush=False)
```

其中，objects 是要输出的对象，可以是一个或多个；sep 是分隔符，用于将多个对象进行分隔，默认为一个空格；end 是结束符，用于在输出所有对象之后添加一个字符，默认为换行符；file 是输出流，用于指定输出的目标，默认为 sys.stdout，即标准输出流；flush 是一个布尔值，用于指定是否立即刷新输出，默认为 False。

当输出变量时，可以采用格式化输出方式，使用 format()规定输出的格式，format()的详细介绍见后续章节。

（1）输出文本

```
print("Hello, World!")
```

这行代码会在控制台输出 "Hello, World!"。

（2）输出变量的值

```
x = 10
print(x)
```

这段代码会在控制台输出变量 x 的值，即 10。

（3）输出多个对象

```
x = 10
y = 20
print("x =", x, "y =", y)
```

这段代码会在控制台输出 "x = 10 y = 20"。

（4）修改分隔符和结束符

```
x = 10
y = 20
print("x =", x, "y =", y, sep=', ', end='!')
```

这段代码会在控制台输出 "x = 10, y = 20!"。

在例 1-4 中，第 9、10 行代码使用 print() 输出到多少年后中国的 GDP 超过美国的 GDP，以及两国 GDP 此时分别达到多少：

```
print(y ,"年中国的 GDP 能超过美国的 GDP")        #第 9 行代码
print("中国的 GDP 为: ", gdpChina,"美国的 GDP 为: ", gdpAmerica)        #第 10 行代码
```

思维导图

本章思维导图如图 1-14 所示。

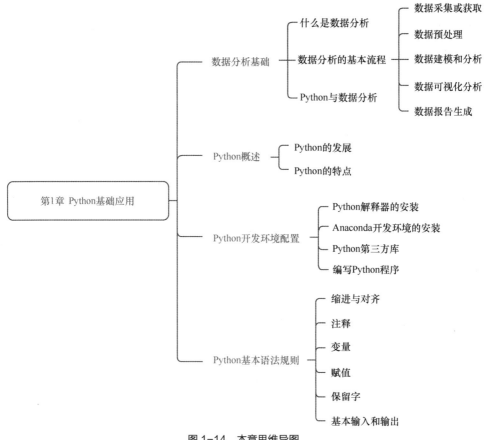

图 1-14　本章思维导图

课后习题

一、选择题

1. 下面不符合 Python 标识符命名规则的是（　　）。

    A. abc   B. ab_1   C. Abc_2_1   D. 1as3

2. 下面不属于 Python 的特点的是（　　）。

    A. 简单、易学   B. 开源、免费   C. 属于低级语言   D. 可移植性强

3. Python 脚本文件的扩展名为（　　）。

    A. .python   B. .py   C. .pt   D. .pg

4. 使用（　　）函数接收用户输入的数据。

    A. accept()   B. input()   C. readline()   D. login()

5. 关于 Python 的注释，以下选项中描述错误的是（　　）。

    A. Python 有两种注释方式：单行注释和多行注释

    B. Python 的单行注释以#开头

    C. Python 的多行注释以 3 个单引号开头和结尾

    D. Python 的单行注释以单引号开头

二、判断题

1. Python 是闭源的。（　　）

2. Python 中的 NumPy 和 pandas 库可以作为数据预处理的工具。（　　）

3. 运行 Python 程序有两种方式，即交互式和文件式。（　　）

4. pip 是 Python 的包管理工具，该工具提供了对 Python 包的查找、下载、安装、卸载等功能。（　　）

5. 标识符由字母、数字、下画线"_"组成，可以以数字开头。（　　）

三、填空题

1. 数据分析可分为描述性统计、探索性数据分析、_____、_____和_____。

2. 数据预处理主要包括：缺失值处理、_____、数据类型检查、检测异常值等。

3. Matplotlib 主要用于_____，可以轻松地将数据图形化，并且提供多样化的输出格式。

4. _____是一个十分有用的第三方库，它能够在 Windows、Linux、macOS 等操作系统下将 Python 源文件打包。

5. Python 程序代码通过_____表示代码间的逻辑关系。

四、简答题

1. 什么是数据分析？数据分析的基本流程一般分为哪几个部分？

2. 怎样使用 pip 工具安装指定的包？

3. 怎样使用 PyInstaller 生成.exe 文件？

五、上机实验题

1. 编写一个 Python 程序，输出当前计算机系统的日期和时间。

2. 编写一个 Python 程序，把输入的 3 个整数 x、y、z 由小到大输出。

章节实训

一、实训内容

Python 基础应用。

二、实训目标

1．熟悉 Python 的 IDLE，进行编辑、保存、编译及运行程序，并能进行简单程序调试。

2．掌握 Python 的基本语法规则。

三、实训思路

1．启动 Python 的 IDLE，在提示符后输入下面的语句并按 Enter 键，查看运行结果。

```
print("Hello World")
```

2．在 IDLE 中选择"File"→"New File"，在打开的窗口中输入以下代码。

```
#接收用户输入的两个数字
num1 = float(input("请输入第一个数字: "))
num2 = float(input("请输入第二个数字: "))
#计算两个数字的和
sum = num1 + num2
#输出结果
print("两数之和为: ", sum)
```

这个程序展示了如何使用 Python 获取用户输入、执行简单的计算以及输出结果。

3．选择"File"→"Save"，把第 2 点中的程序保存为 sx1，选择"Run"→"Run Module"，查看运行结果。

4．如果 sx1 程序不能正常得到运行结果，则需要根据提示信息检查并修改代码。

5．分析 sx1 程序的基本语法成分，加深对 Python 基本语法规则的理解。

第 2 章

基本数据类型

学习目标

了解 Python 中常见的基本数据类型，如整数类型、浮点数类型、布尔类型、复数类型和字符串类型；掌握不同数据类型的定义规则和表示方法；理解每种数据类型的特点、适用场景和存储方式；熟悉数据类型之间的转换方法和规则。

本章导读

在 Python 编程的世界里，数据类型是构建"代码大厦"的基石。就如同建造房屋需要各种不同的材料，编写有效的程序也依赖于对数据类型的准确理解和运用。

在本章中，我们将一同探索 Python 丰富多样的基本数据类型，深入了解整数类型、浮点数类型、字符串类型和布尔类型等常见的基本数据类型的奥秘。

整数和浮点数是处理数值运算的得力助手，它们分别适用于不同精度和范围的数值运算。字符串是文本信息的载体，读者需要学会如何创建、操作和处理字符串，让文字在代码中发挥神奇的作用。而布尔值作为逻辑判断的基础，将帮助构建条件语句和控制程序的流程。

通过学习本章，读者不仅能掌握这些基本数据类型的概念和用法，还能理解它们在内存中的存储方式和特点。这将为后续编写复杂、高效的程序打下坚实的基础，在 Python 编程的征程上迈出坚实的一步！

2.1 数值类型

Python 将数据分为不同数据类型，这些数据类型的存储长度、取值范围和允许进行的操作都不同，主要包括两类数据类型，即数值类型和字符串类型（将在 2.3 节介绍）。

Python 支持 4 种数值类型，包括整数类型、浮点数类型、布尔类型和复数类型。每种类型都有其独特的特点和用途。以下是对这些数值类型的详细描述。

2.1.1 整型

整数类型（int，简称整型）用于表示没有小数部分的数值（即整数）。Python 中的整数可以是正数、负数或零，且没有大小限制（只受限于可用内存），取值范围是无限大。

整数的表示方法有 4 种：十进制、二进制、八进制和十六进制。默认情况下采用十进制，其他进制需要加引导符号。整数的 4 种进制表示方法如表 2-1 所示。

表 2-1　整数的 4 种进制表示方法

进制类型	引导符号	说明
十进制	不需要	默认情况，如 123、-243
二进制	0b 或 0B	由字符 0、1 组成，如 0b1100、0B101011
八进制	0o 或 0O（注意：后一个是大写字母 O）	由字符 0~7 组成，如 0o137、0O564
十六进制	0x 或 0X	由字符 0~9、a~f（或 A~F）组成，如 0x9AF、0X678

例 2-1

```
print(123, -243)
print(0o137, 0O564)
print(0x9AF, 0X678)
```

程序运行结果如图 2-1 所示。

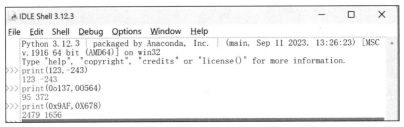

图 2-1　例 2-1 程序运行结果

整型特点如下。

（1）无大小限制（受限于可用内存）。

（2）支持二进制、八进制、十进制和十六进制表示，但结果显示都是十进制数。

（3）支持常见的算术运算（如加、减、乘、除、取模、幂运算）。

Python 的内置函数能够进行整数的进制转换，如表 2-2 所示。

表 2-2　整数的进制转换

序号	转换函数	说明	示例
1	bin(x)	将十进制整数 x 转换成二进制整数	bin(246)
2	oct(x)	将十进制整数 x 转换成八进制整数	oct(246)
3	hex(x)	将十进制整数 x 转换成十六进制整数	hex(246)
4	int(x, n)	将 n 进制字符串或数字 x 转换成十进制整数	int(246, 16)

例 2-2

```
a=bin(246)
b=oct(246)
c=hex(246)
d=int("246", 16)
print(a, b, c, d)
```

程序运行结果如图 2-2 所示。

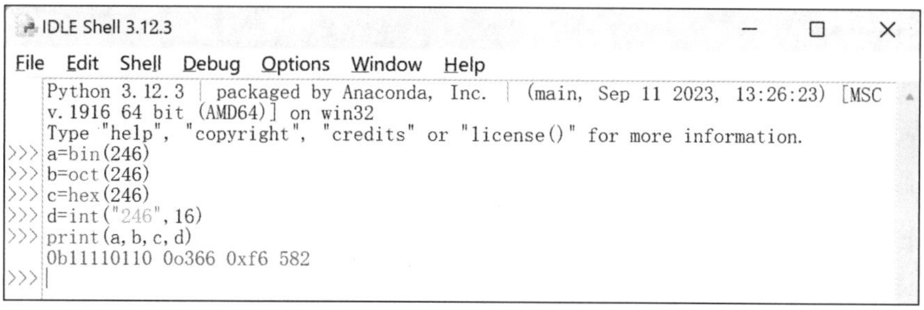

图 2-2 例 2-2 程序运行结果

2.1.2 浮点型

浮点数类型（float，简称浮点型）用于表示带有小数部分的数值（即浮点数）。浮点数有两种表示方法：十进制表示和科学记数法表示。

十进制表示：3.14、2.75、-123.6。

科学记数法表示：1.2E3（表示 1.2×10^3）、1.2e-3（表示 1.2×10^{-3}），E 或 e 表示基数为 10，后面的整数表示指数。

内置函数 float(x) 可以将整数或字符串转换成浮点数。

例 2-3

```
print(3.14, 2.75, -123.6, 1.2E3, 1.2e-3)
a=float(246)
b=float("246")
print(a, b)
```

程序运行结果如图 2-3 所示。

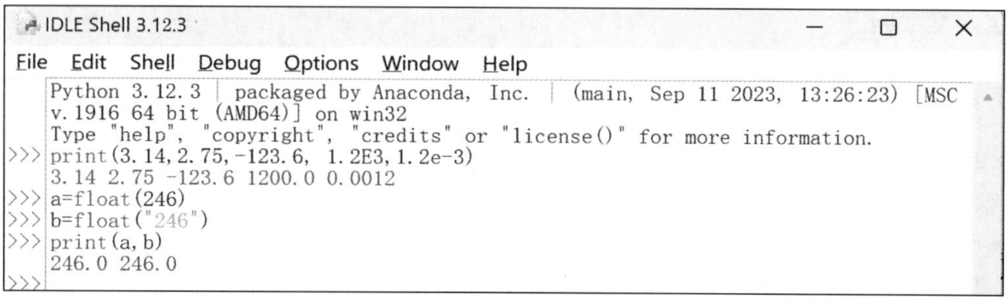

图 2-3 例 2-3 程序运行结果

浮点型特点如下。

（1）Python 的浮点型遵循 IEEE 754 标准，每个浮点数占 8 字节，能表示的数的范围约为 $-1.8^{308} \sim +1.8^{308}$。

（2）存在精度限制。在进行某些复杂的数值运算时，可能会出现舍入误差。例如，0.1 + 0.2 的结果可能不是精确的 0.3，而是一个近似值。

（3）适用于需要表示带有小数部分的数值的情况，比如测量数据、金融计算中的利率等。

2.1.3 布尔型

布尔类型（bool，简称布尔型）也叫逻辑类型，主要用来表示逻辑判断的结果（即布尔值），比如 True 和 False、真和假、对和错、成立和不成立等。在逻辑判断中，True 和非 0 都是"真"，False 和 0 都是"假"。

例 2-4
```
print(int(True),int(False))
print(bool(5),bool(1),bool(0))
print(345>123,"A">"a")
```

程序运行结果如图 2-4 所示。

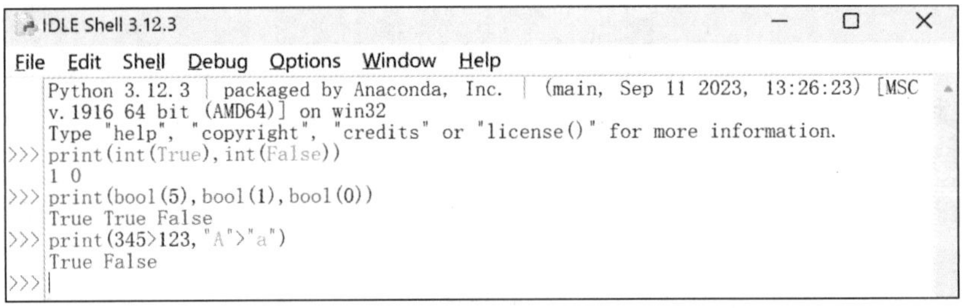

图 2-4　例 2-4 程序运行结果

布尔型特点如下。

（1）只有两个值：True 和 False。

（2）在数值运算中，True 相当于 1，False 相当于 0。

（3）内置函数 bool(x) 可以将 x 转换成布尔型，非 0 为 True，0 为 False。

（4）常用于条件判断和逻辑运算。

2.1.4 复数型

复数类型（complex，简称复数型）用于表示数学中的复数。复数由实部和虚部组成，形式为 real + imagj（或 real+imagJ），其中 real 是实部，imag 是虚部，j 或 J 表示虚数单位，real、imag 都是浮点数。

例如：
```
c1=2+3j
c2=-1.5+0.5j
```

例 2-5
```
print(2+3j,-1.5+0.5j,5j)
a=4.5+8.9j
print(a.real,a.imag)
b=complex(5.67,34.6)
print(b)
```

程序运行结果如图 2-5 所示。

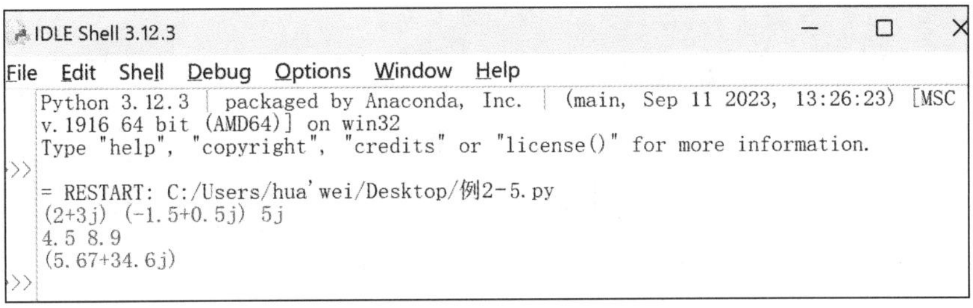

图 2-5 例 2-5 程序运行结果

复数型特点如下。

（1）复数由实部和虚部组成。

（2）使用 real 和 imag 属性可以分别取出复数的实部和虚部。

（3）使用 complex(real, imag) 函数可以生成复数。

（4）支持常见的算术运算（如加、减、乘、除、取模、幂运算）。

2.2 数值运算

Python 的数值运算指的是使用 Python 对数值类型的数据（如整数、浮点数等）进行的各种数值运算操作。这些操作包括基本的四则运算（加、减、乘、除运算）、取余运算、整除运算、幂运算等，以及使用内置函数或模块进行更复杂的数值运算，如求绝对值、三角函数计算、指数对数运算等。其目的是对数值进行处理和计算，以实现各种编程任务中的数学逻辑并满足数据处理需求。例如，计算两个数的和、求一个数的平方根等都属于 Python 的数值运算范畴。

数值运算主要涉及运算符、操作数、表达式三个概念。

运算符：运算的符号。Python 常用的运算符有算术运算符、关系运算符、逻辑运算符、赋值运算符、复合赋值运算符等。

操作数：运算的对象。操作数可以是常量、变量或函数等。

表达式：描述对哪些数据进行什么样的运算。如 1+2 就是一个算术表达式，"+"是运算符，1、2是操作数。

2.2.1 基本运算

1. 算术运算符

算术运算符一般是用来实现数值运算的，由算术运算符连接常量或变量所构成的表达式称为算术表达式。除负号外，所有的算术运算符均为双目运算符，如表 2-3 所示。

表 2-3 算术运算符

序号	算术运算符	说明	示例（x=5,y=2）
1	+	加法	x+y，值为 7
2	−	减法	x-y，值为 3
3	*	乘法	x*y，值为 10
4	/	除法	x/y，值为 2.5

续表

序号	算术运算符	说明	示例（x=5,y=2）
5	//	整除，返回商的整数部分	x//y，值为 2
6	%	求余（模），返回余数	x%y，值为 1
7	**	幂	x**y，值为 25

例 2-6

```
a=8;b=3
print(a+b, a-b)
print(a*b, a/b)
print(a//b, b//a)
print(a%b, a**b)
```

程序运行结果如图 2-6 所示。

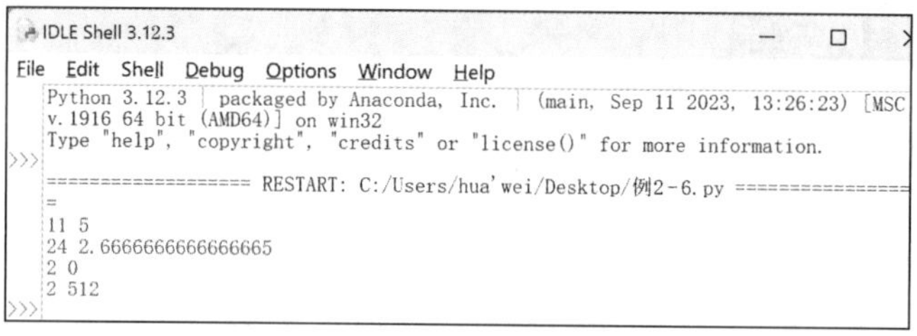

图 2-6　例 2-6 程序运行结果

> **注意**
> （1）运算符+、-的优先级相同，运算符*、/、//、%、**的优先级相同，运算符*、/、//、%、**的优先级高于+、-的优先级；
> （2）如果要改变运算符的优先级顺序，可以使用圆括号"()"将其括起来；
> （3）书写算术表达式时，"*"不能省略。

2. 关系运算符

关系运算符一般用来比较运算符两边的操作数，由关系运算符连接两个操作数的表达式称为关系表达式，被连接的操作数可以是常量、变量、算术表达式、逻辑表达式、赋值表达式等。若关系表达式成立，则结果为 True（真），否则为 False（假）。所有的关系运算符均为双目运算符，如表 2-4 所示。

表 2-4　关系运算符

序号	关系运算符	说明	示例（x=5,y=2）
1	==	左、右两边的操作数是否相等	x==y，值为 False
2	!=	左、右两边的操作数是否不相等	x!=y，值为 True
3	>	当左边的操作数>右边的操作数时结果为 True	x>y，值为 True
4	<	当左边的操作数<右边的操作数时结果为 True	x<y，值为 False
5	>=	当左边的操作数>=右边的操作数时结果为 True	x>=y，值为 True
6	<=	当左边的操作数<=右边的操作数时结果为 True	x<=y，值为 False

例 2-7

```
a=8;b=3
print(a==b, a!=b)
print(a>b, a<b)
print(a>=b, a<=b)
print(6<a<10, 2<b<1)
```

程序运行结果如图 2-7 所示。

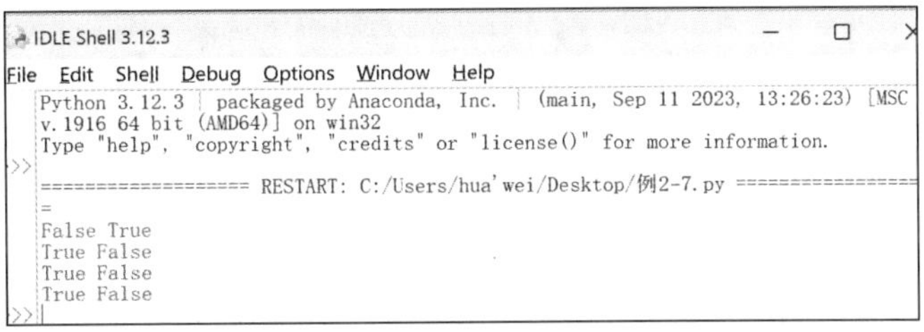

图 2-7　例 2-7 程序运行结果

3. 逻辑运算符

Python 中逻辑运算符包括 and（逻辑与）、or（逻辑或）和 not（逻辑非）。逻辑运算符用于对操作数进行逻辑运算，用逻辑运算符连接的关系表达式称为逻辑表达式。逻辑表达式常用于控制程序的流程和条件判断，帮助开发者根据不同的逻辑条件执行相应的语句块。在使用逻辑运算符时，需要注意运算符的优先级，not 的优先级高于 and 的，and 的优先级高于 or 的。and、or 是双目运算符，not 是单目运算符。逻辑运算符如表 2-5 所示。

表 2-5　逻辑运算符

序号	逻辑运算符	说明	示例(a=5)
1	not	操作数为 True，结果为 False； 操作数为 False，结果为 True	not(a>3)，值为 False
2	and	两个操作数都为 True 时，结果才为 True	a>=1 and a<=10，值为 True
3	or	两个操作数都为 False 时，结果才为 False	a<=1 or a>=10，值为 False

逻辑运算符的真值表如表 2-6 所示。

表 2-6　逻辑运算符的真值表

x	y	not x	x and y	x or y
True	True	False	True	True
True	False	False	False	True
False	True	True	False	True
False	False	True	False	False

例 2-8　已知判断年份 y 是否为闰年的条件为：

（1）能被 4 整除，但不能被 100 整除；

（2）能被 400 整除。

只要满足（1）或者（2）中任意一个条件，那么 y 就是闰年。

程序如下：

```
y=int(input("请输入年份: "))
print(y%4==0 and y%100!=0 or y%400==0)
```

程序运行结果如图 2-8 所示。

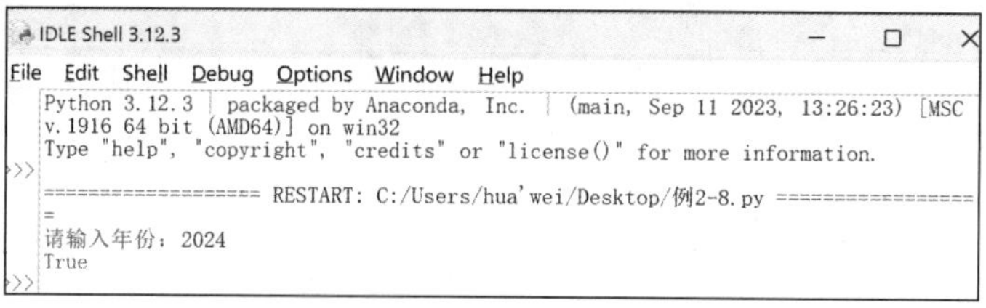

图 2-8　例 2-8 程序运行结果

4. 赋值运算符

在 Python 中，赋值运算符的主要作用是为变量赋予初始值或更新变量的值，以便在程序中进行后续的计算和操作。

在中学阶段的数学中，"="的含义是等号，用于判断等号两边的数值是否相等。但在 Python 中，"="的含义是赋值运算符，即赋值号，用于将赋值号右边的表达式的值赋给左边的变量。而要判断两边数值是否相等，则用关系运算符"=="。

基本语法格式为：

```
变量=表达式
```

作用：将赋值号"="右边的表达式的值赋给左边的变量。

注意：在使用赋值运算符时，需要注意变量的数据类型以及赋值表达式的合法性，以避免出现错误。

例 2-9　赋值运算符的灵活运用。

```
a=b=c=10            #将同一值赋给多个变量
print(a,b,c)
a,b,c=2,4,6         #一行代码实现将多个值赋给多个变量，顺序很重要
print(a,b,c)
a1=2.3
a2=87.9
a1,a2=a2,a1         #交换两个变量的值
print(a1,a2)
```

程序运行结果如图 2-9 所示。

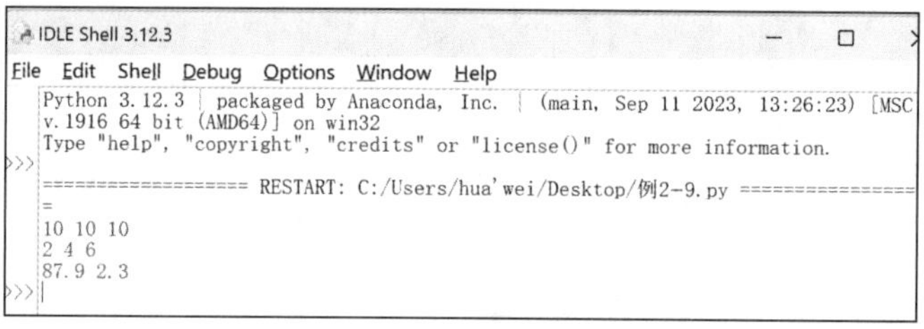

图 2-9　例 2-9 程序运行结果

5. 复合赋值运算符

复合赋值运算符用于将某种算术运算符和赋值运算符结合起来，形成一种简洁的写法。在 Python

中，基本赋值运算符"="与 7 种算术运算符（+、-、*、/、//、%、**）结合成复合赋值运算符，其功能是先进行算术运算，然后赋值。

基本语法格式为：

变量 算术运算符=表达式

相当于：

变量=变量 算术运算符 表达式

复合赋值运算符如表 2-7 所示。

表 2-7　复合赋值运算符

序号	复合赋值运算符	说明	示例（x=5,y=2）
1	+=	加法赋值	x+=y，相当于 x=x+y，x 值为 7
2	-=	减法赋值	x-=y，相当于 x=x-y，x 值为 3
3	*=	乘法赋值	x*=y，相当于 x=x*y，x 值为 10
4	/=	除法赋值	x/=y，相当于 x=x/y，x 值为 2.5
5	//=	整除赋值	x//=y，相当于 x=x//y，x 值为 2
6	%=	求余赋值	x%=y，相当于 x=x%y，x 值为 1
7	**=	指数赋值	x**=y，相当于 x=x**y，x 值为 25

> **注意**
>
> （1）复合赋值表达式的左边必须是变量；
> （2）将复合赋值运算符右侧的表达式看作一个整体。

6. 运算符的优先级

Python 的语法规定，在同一个表达式中出现多个运算符时，要先执行优先级高的运算符。当出现多个优先级相同的运算符时，按照结合性确定计算次序。括号可以改变优先级顺序，有括号时优先计算括号内的表达式。Python 中一些常用运算符的结合性和优先级如表 2-8 所示。

表 2-8　Python 中一些常用运算符的结合性和优先级

序号	运算符	说明	结合性	优先级顺序
1	()	圆括号	从左至右	高
2	**	乘方	从左至右	
3	*、/、//、%	乘、除	从左至右	
4	+、-	加、减	从左至右	
5	==、!=、>、>=、<、<=	关系运算符	从左至右	
6	=、+=、-=、*=、/=、//=、%=、**=	赋值运算符和复合赋值运算符	从右至左	
7	not	逻辑非	从右至左	
8	and	逻辑与	从左至右	
9	or	逻辑或	从左至右	低

例 2-10

```
x=5
y=2
z=x+y*6          #运算顺序为*、+
w=x+y**x*10       #运算顺序为**、*、+
m=(7* (x+4))**2/(9*(x+y))     #用圆括号改变运算顺序
print(z, w, m)
```

程序运行结果如图 2-10 所示。

```
IDLE Shell 3.12.3                                              —    □    ×
File  Edit  Shell  Debug  Options  Window  Help
Python 3.12.3 | packaged by Anaconda, Inc. | (main, Sep 11 2023, 13:26:23) [MSC
v.1916 64 bit (AMD64)] on win32
Type "help", "copyright", "credits" or "license()" for more information.
>>>
============== RESTART: C:/Users/hua'wei/Desktop/例2-10.py ==============
=
17 325 63.0
>>>
```

图 2-10　例 2-10 程序运行结果

2.2.2　数值运算函数

Python 提供了丰富的数值运算函数，能够实现多种数值运算。数值运算函数如表 2-9 所示。

表 2-9　数值运算函数

序号	函数	说明	示例
1	abs(x)	求 x 的绝对值	abs(-10)，返回值为 10
2	divmod(x, y)	分别取得商和余数，返回元组	divmod(20, 6)，返回值为 (3, 2)
3	pow(x, y)	返回 x 的 y 次幂	pow(6, 2)，返回值为 36
4	round(x) 或 round(x, d)	对浮点数 x 按照四舍五入保留 d 位小数。无参数则返回 x 四舍五入后的整数值	round(3.1415926, 3)，返回值为 3.142
5	max(x1, x2, ..., xn)	求 x1, x2, ..., xn 中的最大值	max(5.6, 45, 7.9, 8)，返回值为 45
6	min(x1, x2, ..., xn)	求 x1, x2, ..., xn 中的最小值	min(5.6, 45, 7.9, 8)，返回值为 5.6
7	eval(str)	将字符串中的表达式求值，返回计算结果	eval("1+2+3+4+5")，返回值为 15

例 2-11

```
print(abs(-10))
print(divmod(20, 6))
print(pow(6, 2))
print(round(3.1415926, 3))
print(max(5.6, 45, 7.9, 8))
print(min(5.6, 45, 7.9, 8))
print(eval("1+2+3+4+5"))
```

程序运行结果如图 2-11 所示。

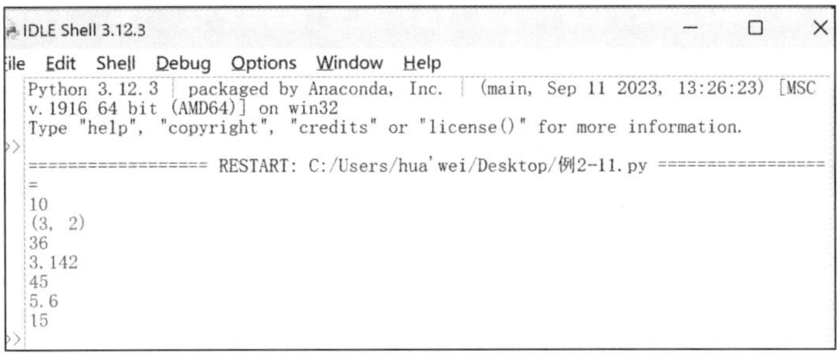

图 2-11　例 2-11 程序运行结果

2.3　字符串类型

现实生活中的很多数据都是字符串，如姓名、住址、身份证号、学号等，其中一些虽然完全由阿拉伯数字构成，但不是数值而是字符串。字符串是常见的一种数据类型，程序中经常会有对字符串进行各种处理的需求，因此 Python 中提供了字符串类型，可以对字符串进行各种处理。

字符串是一个字符序列，它可以包含字母、数字、标点符号等文本形式的字符。字符的个数称为字符串的长度，长度为 0 的字符串称为空字符串。

2.3.1　字符串的创建

Python 中的字符串是一个有序的字符序列，可以用单引号、双引号或三引号表示。其中，单引号和双引号均用来表示单行字符串。使用单引号时，双引号可以作为字符串的一部分；使用双引号时，单引号可以作为字符串的一部分。三引号可以表示单行或多行字符串。

例 2-12
```
print('I Like Python!')
print("Let′s Program! ")
print("""Let′s Program! """)
```

程序运行结果如图 2-12 所示。

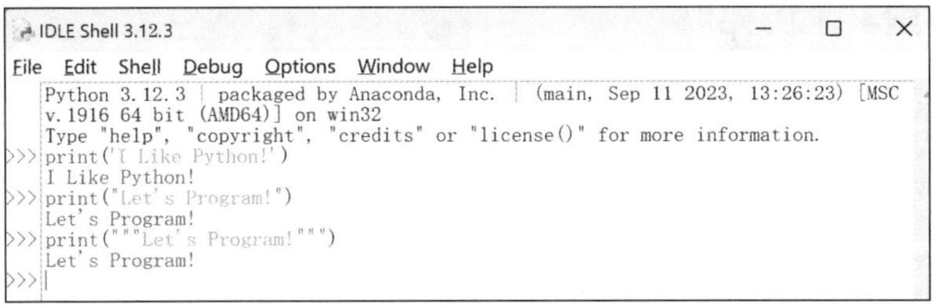

图 2-12　例 2-12 程序运行结果

说明：

（1）如果字符串中有单引号，则创建字符串时要用双引号将整个字符串引起来；

（2）如果字符串中有双引号，则创建字符串时要用单引号将整个字符串引起来。

2.3.2 转义字符

Python 使用引号标记字符串，但引号本身不属于字符串内容，而是一个特殊的存在，这样会产生一个问题：如何表示字符串中的引号？一般有两种方法来实现：一是使用和待输出的引号不同的引号来标记字符串；二是使用转义字符。

转义字符以反斜线为前缀，用于避免字符的二义性，或者描述一些不方便通过键盘直接输入的特殊字符。Python 中常用的转义字符如表 2-10 所示。

表 2-10　Python 中常用的转义字符

转义字符	说明	转义字符	说明
\\	反斜线	\'	单引号
\n	换行符，将光标移到下一行开头	\r	回车符，将光标移到本行开头
\"	双引号	\f	换页符
\t	横向制表符，按 Tab 键生成	\b	退格符，按 Backspace 键生成

例 2-13

```
print('《九月九日忆山东兄弟》')
print('\t—唐•王维')
print("独在异乡为异客，每逢佳节倍思亲。\n遥知兄弟登高处，遍插茱萸少一人。")
```

程序运行结果如图 2-13 所示。

图 2-13　例 2-13 程序运行结果

2.3.3 字符串基本操作

1. 字符串索引操作

字符串索引就是字符的索引，可以通过字符串索引访问和操作字符。字符串索引分为正向索引和负向索引。

（1）正向索引：从左到右排列，默认从 0 开始，从左到右标记字符依次为 $0, 1, 2, \cdots$，最大范围是字符串长度减 1。

（2）负向索引：从右到左排列，默认从 -1 开始，从右到左标记字符依次为 $-1, -2, -3, \cdots$。

例如：

字符串：　S　t　u　d　e　n　t

正向索引： 0 1 2 3 4 5 6

负向索引： -7 -6 -5 -4 -3 -2 -1

字符串索引操作指的是使用字符串的索引获取字符串中的指定字符，语法格式如下：

<字符串>[索引]

例 2-14

```
print("student" [0]，"student" [3])
s="student"
print(s [-1], s [-4])
```

程序运行结果如图 2-14 所示。

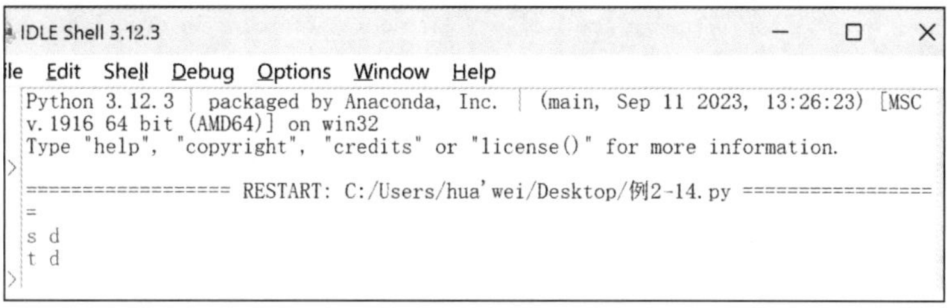

图 2-14 例 2-14 程序运行结果

🔔 **注意**

Python 不允许修改字符串中某个字符的值，否则会报错。

---

2. 求字符串的长度

可以用内置函数 len() 求字符串的长度。

例如：

```
s="student"
len(s)
```

结果为：7。

3. 字符串连接操作

字符串连接操作是指使用加号"+"将两个字符串连接起来。

例 2-15

```
print("I"+"like"+"Python! ")
print("我爱学"+"编程！")
```

程序运行结果如图 2-15 所示。

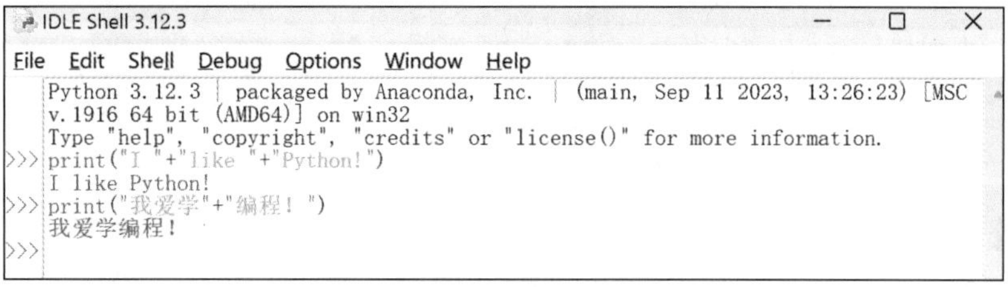

图 2-15 例 2-15 程序运行结果

4. 字符串复制操作

如果字符串由一段字符反复连接而成，则可以使用"*"生成该字符串。

例如：

```
print("Python!"*3)
print("中国加油！"*2)
```

程序运行结果如图2-16所示。

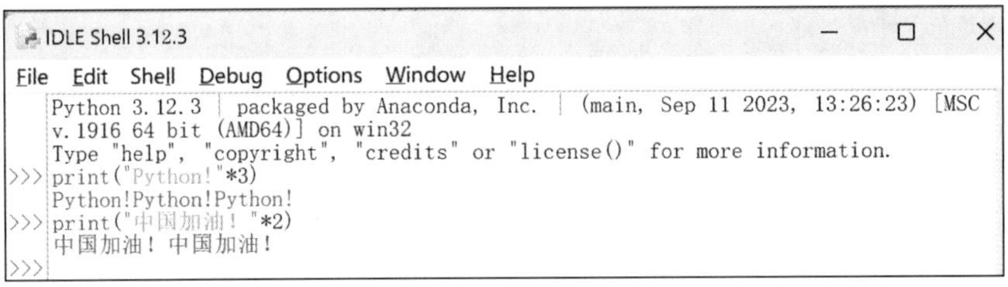

图2-16　程序运行结果

5. 字符串切片操作

字符串切片操作是指利用指定范围从字符串中获得字符串的子串。其方法是通过指定起始位置start和终止位置end来指定切片的区间，基本语法格式如下：

`<字符串>[start:end:step]`

说明：start表示子串的起始位置，end表示子串的终止位置（不含end对应的字符，即end-1），step表示步长。start、end和step均可省略，start的默认值为0，end的默认值为字符串长度，step的默认值为1。

例2-16

```
s="student"
print(s[1:5])
print(s[:6])
print(s[1:])
print(s[1:6:2])
print(s[-7:-2])
```

程序运行结果如图2-17所示。

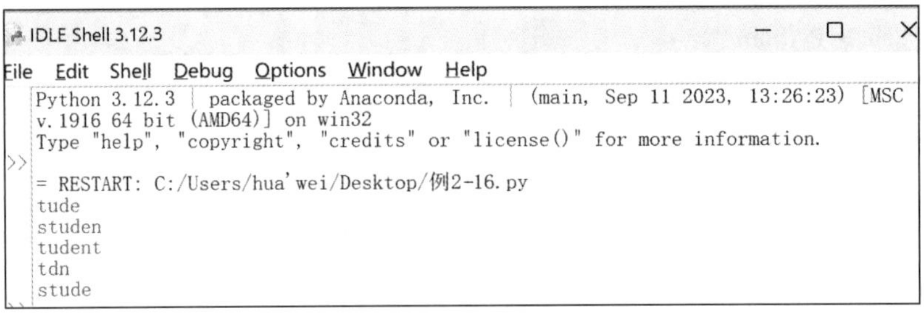

图2-17　例2-16程序运行结果

6. 字符串处理函数

Python内置了一些与字符串处理相关的函数，如表2-11所示。

表 2-11 与字符串处理相关的函数

序号	函数	说明
1	len(s)	返回字符串的长度
2	str(s)	返回任意类型 s 的字符串形式
3	chr(x)	返回整数 x 对应的 ASCII 值对应的字符
4	ord(s)	返回字符 s 对应的 ASCII 值
5	hex(x)	返回整数 x 转换的十六进制字符串
6	oct(x)	返回整数 x 转换的八进制字符串

7. 常用字符串处理函数

Python 中处理字符串的函数很多，这里介绍一些常用的函数，如表 2-12 所示。

表 2-12 常用字符串处理函数

序号	函数	说明
1	strip()	删除字符串两端空格后形成新的字符串
2	lstrip()	删除字符串左端空格后形成新的字符串
3	rstrip()	删除字符串右端空格后形成新的字符串
4	lower()	将字符串中所有字母转换成小写
5	upper()	将字符串中所有字母转换成大写
6	capitalize()	将字符串中首字母转换成大写，其余字母转换成小写
7	find(substr[, start[, end]])	返回 substr 子串在字符串中的位置
8	count(substr[, start[, end]])	返回 substr 子串在字符串中出现的次数
9	replace(old, new[, count])	用字符串 new 替换 old，可选参数 count 表示被替换的子串个数

2.3.4 format()函数的基本使用

1. format()函数的使用

有时，字符输出需要使用字符串的格式化函数对输出进行格式控制，字符串的格式化函数用于解决字符串和变量同时输出时的格式问题。

在 Python 中，format()函数是一种用于字符串格式化的强大工具，它允许将变量或表达式插入字符串中，并能根据需要进行格式化。

Python 中推荐使用 format()函数整合字符串，其语法格式如下：

```
<模板字符串>.format(<用逗号分隔的参数>)
```

说明如下。

（1）模板字符串是一个由字符串和槽组成的字符串，用于控制字符串和变量的显示效果。槽用花括号"{}"表示，对应 format()函数中用逗号分隔的参数。

例如：

```
"孔子曰：学而时习之，{}".format("不亦说乎")
```

显示为"孔子曰: 学而时习之, 不亦说乎"。

（2）如果模板字符串中有多个槽, 且槽内没有指定序号, 则按照槽出现的顺序分别对应 format() 函数中不同参数。

例如:

"{}曰: 学而时习之, {}".format("孔子", "不亦说乎")

显示为"孔子曰: 学而时习之, 不亦说乎"。

（3）通过 format() 函数中参数的序号可以在模板字符串的槽中指定参数的使用位置, 参数从 0 开始编号。

例如:

"{1}曰: 学而时习之, {0}".format("不亦说乎", "孔子")

显示为"孔子曰: 学而时习之, 不亦说乎"。

（4）如果希望在模板字符串中直接输出花括号"{}", 则可以使用"{{"表示"{", 使用"}}"表示"}"。

例如:

"{1}曰: {{学而时习之, {0}}}。".format("不亦说乎", "孔子")

显示为"孔子曰: {学而时习之, 不亦说乎。}"。

2. format()函数的格式控制

format() 函数中模板字符串的槽除了可以包括参数序号, 还可以包括格式控制信息, 语法格式如下:

{<参数序号>:<格式控制标记>}

其中, 格式控制标记用来控制参数显示时的格式, 其字段如表 2-13 所示。

表 2-13　格式控制标记的字段

序号	字段	说明
1	<填充>	指宽度内除了参数外的字符
2	<对齐>	指参数在宽度内输出时的对齐方式, 分别使用<、>、^这 3 个符号表示左对齐、右对齐和居中对齐
3	<宽度>	指当前槽的设定输出字符宽度, 如果该槽对应的 format() 参数长度比<宽度>设定值大, 则使用参数实际长度, 如果该值的实际位数小于指定宽度, 则位数将被默认以空格填充
4	<,>	用于显示数值类型的千位分隔符, 适用于整数和浮点数
5	<.精度>	对于浮点数, 精度表示小数部分输出的有效位数; 对于字符串, 精度表示输出的最大长度
6	<类型>	整型包括 b、c、d、o、x、X, 浮点型包括 e、E、f、%

其中, <类型>表示输出整型和浮点型的格式规则。对于整型, 输出格式包括以下 6 种。

（1）b: 输出整数的二进制形式。

（2）c: 输出整数对应的 Unicode 字符。

（3）d: 输出整数的十进制形式。

（4）o: 输出整数的八进制形式。

（5）x：输出整数的小写十六进制形式。

（6）X：输出整数的大写十六进制形式。

对于浮点型，输出格式包括以下 4 种。

（1）e：输出浮点数对应的小写字母 e 的指数形式。

（2）E：输出浮点数对应的大写字母 E 的指数形式。

（3）f：输出浮点数的标准浮点形式。

（4）%：输出浮点数的百分数形式。

浮点数输出时尽量使用<.精度>表示小数部分的宽度，有助于更好控制输出格式。

2.4　不同数据类型的转换

Python 提供了转换函数，用来在不同数据类型之间进行转换，常用的数据类型转换函数如表 2-14 所示。

表 2-14　常用的数据类型转换函数

序号	转换函数	说明	示例
1	bool(x)	返回 x 转换的布尔值	bool(3)、bool(0)
2	int(x)	返回 x 转换的整数	int("3")、int(4.3)
3	float(x)	返回 x 转换的浮点数	float("3.14")、float(7)
4	complex(real, imag) 或 complex(x)	创建 real+imagj 的复数，或者将字符串转换为复数	complex(2, 5.7)、complex("2+3j")
5	str(x)	返回任意类型 x 的字符串形式	str(246)、str(3.14)
6	ord(x)	返回字符 x 对应的 ASCII 值	ord("a")、ord("A")
7	chr(x)	返回整数 x 对应的 ASCII 值对应的字符	chr(97)、chr(65)
8	bin(x)	返回整数 x 转换的二进制字符串	bin(246)
9	oct(x)	返回整数 x 转换的八进制字符串	oct(246)
10	hex(x)	返回整数 x 转换的十六进制字符串	hex(246)

例 2-17
```
print(bool(3), bool(0))
print(int("3"), int(4.3))
print(float("3.14"), float(7))
print(complex(2, 5.7), complex("2+3j"))
print(str(246)，str(3.14))
print(ord("a"), ord("A"))
print(chr(97), chr(65))
print(bin(246))
print(oct(246))
print(hex(246))
```

程序运行结果如图 2-18 所示。

```
IDLE Shell 3.12.3                                          —    □    >
File  Edit  Shell  Debug  Options  Window  Help
Python 3.12.3 | packaged by Anaconda, Inc. | (main, Sep 11 2023, 13:26:23) [MSC
v.1916 64 bit (AMD64)] on win32
Type "help", "copyright", "credits" or "license()" for more information.
>>>
================== RESTART: C:/Users/hua'wei/Desktop/例2-17.py ==================
=
True False
3 4
3.14 7.0
(2+5.7j) (2+3j)
246 3.14
97 65
a A
0b11110110
0o366
0xf6
>>>
```

图 2-18　例 2-17 程序运行结果

思维导图

本章思维导图如图 2-19 所示。

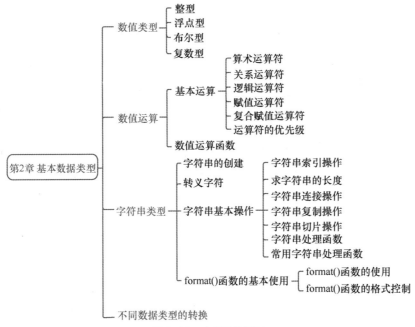

图 2-19　本章思维导图

课后习题

一、选择题

1. 以下选项中,(　　) 不是 Python 的基本数据类型。

　A. 整型　　　　　B. 浮点型　　　　　C. 布尔型　　　　　D. 数组

2．以下选项中，（　　）能将十进制数 20 转换成十六进制数。

  A．bin(20)   B．oct(20)   C．hex(20)   D．float(20)

3．以下选项中，（　　）是错误的复数型数据。

  A．1.5+0.5j B．3.14+5   C．2+1.2E3j D．complex(2.6,1.3)

4．字符串操作"HelloWorld"[4] 的结果是（　　）。

  A．'l'   B．'o'   C．'W'   D．'d'

5．字符串操作"Ab*3"的结果是（　　）。

  A．"AAA"   B．"bbb"   C．"AbAbAb" D．"Ab"

6．以下选项中，（　　）能将字符串转换为浮点数。

  A．int("123.45")   B．float("123.45")

  C．str("123.45")   D．oct("123.45")

7．语句 print("{:8.1f}".format(1234.5678))的输出结果是（　　）。

  A．1234.600 B．1234.5678 C．1234.6 D．001234.6

8．以下 Python 表达式中，不可用来表示数学式 $(3xy)/(ab)$ 的是（　　）。

  A．3*x*y/a/b B．x/a*y/b*3 C．3*x*y/a*b D．x/b*y/a*3

9．以下程序的输出结果是（　　）。

```
x=5
s=x+x//2+x%2
print (s)
```

  A．8   B．5   C．4   D．1

10．以下程序的输出结果是（　　）。

```
x=3.45
y=3
s=x+y/3+y**2
print (s)
```

  A．9   B．9.45   C．5.45   D．13.45

二、判断题

1．所有运算符的优先级都是相同的。（　　）

2．Python 中的字符串是一个有序的字符序列，可以用单引号、双引号或三引号表示。（　　）

3．字符串连接操作是指使用"&"将两个字符串连接起来。（　　）

4．在 Python 中，要判断两边数值是否相等用关系运算符"="。（　　）

5．布尔型也叫逻辑类型，在逻辑判断中，True 和非 0 都是"真"，False 和 0 是"假"。（　　）

三、填空题

1．字符串操作"HelloWorld"[1:5]的结果是＿＿＿＿＿＿＿＿。

2．转义字符中用＿＿＿＿＿＿＿＿表示换行。

3．函数 int(123.89)的返回值是＿＿＿＿＿＿＿。

4．已知 x=3.5，y=6.3，则 int(x+y)的值是＿＿＿＿＿＿＿＿。

5．已知字符 a 的 ASCII 值为 97，语句 print(format(98,'c'),format(99,'c'))的输出结果是＿＿＿＿＿＿＿＿。

四、简答题

1．将下列数学表达式写成 Python 表达式。

$$\frac{12.35}{8.9/3.65}$$

2．求 Python 表达式的值：3.5+(8/2*round(3.5+6.7)/2)%3。

3．写出判断整数 x 能否同时被 3 和 5 整除的 Python 表达式。

章节实训

一、实训内容

坚持天天学习与偶尔学习，两种学习方式下一年 365 天的能力值对照。

二、实训目标

编写一个 Python 程序，将 1.0 作为能力值基数，认真学习一天后能力值比前一天提高 1%，休息一天后能力值比前一天下降 1%，请分别输出：偶尔学习，365 天后的能力值；坚持天天学习，365 天后的能力值。

三、实训思路

可以使用幂函数 math.pow() 实现。如果偶尔学习，365 天后的能力值增加很少；如果坚持天天学习，365 天后的能力值是偶尔学习的能力值的 18 倍以上。

第 **3** 章
程序的控制结构

学习目标

掌握程序的顺序结构、选择结构、循环结构3种基本结构；掌握单分支、二分支和多分支3种选择结构；掌握 for 循环、while 循环两种循环结构。

本章导读

个人所得税的计算

税收取之于民、用之于民，我们在履行纳税的法定义务时，也在享受税收给整个社会带来的积极影响。以个人所得税为例，目前个人所得税的起征点是 5000 元，并且采用差额累进制。只有收入超过 5000 元才需要缴纳个人所得税，收入越高需要缴纳的税款越多，并且国家还考虑到抚养小孩和赡养老人的压力，提高了个人所得税的起征点。

目前，个人工资扣税标准规定：月薪 5000 元及以下免税，5001～8000 元税率为 3%，8001～17000 元税率为 10%，17001～30000 元税率为 20%，30001～40000 元税率为 25%，40001～60000 元税率为 30%，60001～85000 元税率为 35%，85000 元以上税率为 45%。

如何设计一个 Python 程序来计算个人所得税？

结构化程序设计鼓励将复杂问题分解成一系列简单、明确的步骤，使得代码易于理解。清晰的模块划分和逻辑流程使得整个程序的结构清晰，目标明确，便于理解和维护。采用结构化程序设计方法可以显著提高程序的可读性、可维护性、可靠性、效率以及适应变化的能力。Python 的程序控制结构主要包括顺序结构、选择结构和循环结构。这 3 种控制结构也是结构化程序设计的核心，与之相对的是面向对象程序设计。C 语言就是结构化语言，而 C++、Java 或者 Python 等都是面向对象的语言。

调试 Python 程序时，经常会报出一些异常。一方面，可能是写程序时由于疏忽或者考虑不全造成了错误，这时就需要根据异常分析程序结构，改正错误；另一方面，有些异常是不可避免的，但我们可以对异常进行捕获处理，防止程序终止。

3.1 程序的基本结构

程序由语句构成，根据项目或者算法的实际需求执行语句，程序的具体执行是由流程控制语句实现的。结构化程序设计分为 3 种基本结构：顺序结构、选择结构、循环结构。采用结构化程序设计方法，程序结构清晰，易于阅读、测试、排错和修改。由于每个模块执行单一功能，模块间联系较少，程序编制比过去更简单，程序更可靠，而且提高了可维护性，每个模块可以独立编制、测试。

1. 顺序结构

顺序结构的执行顺序是自上而下，依次执行，如图 3-1 所示。顺序结构的程序设计是最简单的，它表示程序按照代码的书写顺序从上到下依次执行，只需按照解决问题的顺序写出相应的语句即可。

例如计算 3 种商品的平均价格，其程序的语句顺序就是先依次输入 3 种商品的价格（S1、S2、S3），再计算 3 种商品的平均价格 Av=(S1+S2+S3)/3，最后输出平均价格 Av。大多数情况下顺序结构都是作为程序的一部分，与其他结构一起构成一个复杂的程序，例如选择结构中的复合语句、循环结构中的循环体等，如图 3-2 所示。

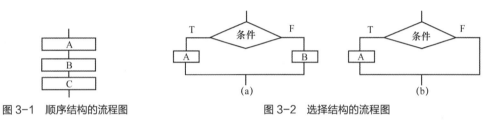

图 3-1　顺序结构的流程图　　　　　　图 3-2　选择结构的流程图

2. 选择结构

选择结构（也称分支结构），即程序根据条件表达式的值来决定执行哪一部分的代码。顾名思义，程序的处理步骤出现了分支，它需要根据某一特定的条件选择其中的一个分支执行。选择结构有单分支、二分支和多分支 3 种形式。

3. 循环结构

循环结构用于重复执行一段代码，直到满足某个条件为止，如图 3-3 所示。语句不断地重复，被称作循环，循环结构通常用来表示反复执行一个程序或某些操作的过程，直到某条件为假（或为真）时才终止循环。在循环结构中主要的是：什么时候可以执行循环，出现哪些操作需要循环执行。

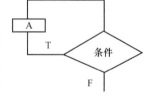

图 3-3　循环结构的流程图

3.2　程序的选择结构

在 Python 中，选择结构通常使用 if、else 和 elif 语句来实现。这些语句允许程序根据条件测试的结果执行不同的语句块。在选择结构中，if 语句用来检验一个条件，如果条件为真，会执行一个语句块（称为 if 语句块），否则会执行另外一个语句块（称为 else 语句块），如果有多个分支选择，再根据分支条件，执行对应的语句块（称为 elif 语句块）。else 语句和 elif 语句是可选的。选择结构由 3 部分组成：关键字、用于判断结果真假的条件表达式，以及当表达式为真（True）或者假（False）时执行的语句块。

对于选择结构，当条件为真时，执行相应的语句块。如何判断条件的真假？在 Python 中，任何非零、非空对象都是真，除真和 None 以外的都是假。条件判断使用关系运算符和逻辑运算符来表示。Python 中的关系运算符如表 3-1 所示。

038

表 3-1　Python 中的关系运算符

关系运算符	关系表达式	说明
==	x == y	x 等于 y
!=	x != y	x 不等于 y
>	x > y	x 大于 y
<	x < y	x 小于 y
>=	x >= y	x 大于等于 y
<=	x <= y	x 小于等于 y
is	x is y	x 和 y 是同一个对象
is not	x is not y	x 和 y 不是同一个对象
in	x in y	x 是 y 的成员
not in	x not in y	x 不是 y 的成员

Python 中的逻辑运算符如表 3-2 所示。

表 3-2　Python 中的逻辑运算符

逻辑运算符	逻辑表达式	说明
and	x and y	逻辑与，如果 x 为 False，x and y 返回 False，否则返回 y 的计算值
or	x or y	逻辑或，如果 x 为 True，x or y 返回 True，否则返回 y 的计算值
not	not x	逻辑非，如果 x 为 True，not x 返回 False；如果 x 为 False，not x 返回 True

3.2.1　单分支选择结构

if 语句是最基本的条件判断结构，用于测试一个条件是否为真。如果条件为真，则执行紧跟在 if 后面的语句块。单分支选择结构的 if 语句语法格式如下：

```
if  <条件>：
    <语句块 1>
```

if 语句根据给出的条件，决定下一步怎么做。如果条件为真，就执行语句块 1 中的代码，为假就不执行语句块 1 中的代码。

例 3-1　计算个人所得税（单分支示例），假设月薪 5000 元以上税率为 3%。

```
salary=eval(input("请输入月薪："))
tax=0
if salary>5000:
    tax=salary*0.03
income=salary-tax
print("月薪{}元，本月缴税{}元，实际收入{}元".format(salary,tax,income))
```

程序运行结果：

```
请输入月薪：6899
月薪 6899 元，本月缴税 206.97 元，实际收入 6692.03 元
```

在这个程序中，用户输入月薪，然后判断月薪是否大于 5000 元，如果月薪大于 5000 元，计算个人所得税为月薪的 3%。在这个例子中，使用 eval(input()) 取得用户输入的月薪。

3.2.2 二分支选择结构

二分支选择结构增加了 else 语句，根据判断结果选择不同的语句执行方式。if-else 语句用于测试一个条件，如果该条件为真，则执行 if 语句块，否则执行 else 语句块。

在例 3-1 中，用户输入月薪，然后判断月薪是否大于 5000 元，如果月薪大于 5000 元，使得 if 语句的条件为真，程序执行语句块 1 中的代码，计算个人所得税为月薪的 3%；如果月薪小于或者等于 5000 元，则可以用 else 语句增加另外的选择。

二分支选择结构的 if-else 语句语法格式如下：

```
if  <条件> :
    <语句块 1>
else :
    <语句块 2>
```

例 3-2 计算个人所得税（二分支示例），假设月薪 5000 元以上税率为 3%，月薪小于或者等于 5000 元税率为 0。

```
salary=eval(input("请输入月薪: "))
if salary>5000:
tax=salary*0.03
else :
tax=0
income=salary-tax
print("月薪{}元，本月缴税{}元，实际收入{}元".format(salary,tax,income))
```

程序运行结果：

```
请输入月薪: 4500
月薪4500元，本月缴税0元，实际收入4500元
请输入月薪: 6899
月薪6899元，本月缴税206.97元，实际收入6692.03元
```

二分支选择结构的紧凑形式，适用于简单表达式的二分支选择结构。二分支选择结构紧凑形式的 if-else 语句语法格式如下：

```
<表达式 1>  if  <条件>  else  <表达式 2>
```

例 3-3 计算个人所得税（二分支紧凑形式示例），假设月薪 5000 元以上税率为 3%，月薪小于或者等于 5000 元税率为 0。

```
salary=eval(input("请输入月薪: "))
print("本月缴税: ",salary*0.03) if (salary>5000) else print("本月缴税: ",0)
```

程序运行结果：

```
请输入月薪: 6899
本月缴税: 206.97
```

3.2.3 多分支选择结构

二分支选择结构的 if-else 语句只有两种选择，如果有多个条件需要多种选择，可以使用 elif

（else if 的缩写）语句。elif 语句能检查多个表达式是否为真，并在其为真时执行特定语句块中的代码。如果所有的 if 和 elif 条件都不满足，则执行最后的 else 部分。和 else 一样，elif 声明是可选的，不同的是，if 语句后只能有一个 else 语句，但可以有任意数量的 elif 语句。

多分支选择结构的 if-elif-else 语句语法格式如下：

```
if ＜条件 1＞：
    ＜语句块 1＞
elif ＜条件 2＞：
    ＜语句块 2＞
……
elif ＜条件 N-1＞：
    ＜语句块 N-1＞
else：
    ＜语句块 N＞
```

例 3-4　计算个人所得税（多分支示例），假设月薪 5000 元及以下免税，5001～8000 元税率为 3%，8001～17000 元税率为 10%，17001～30000 元税率为 20%，30001～40000 元税率为 25%，40001～60000 元税率为 30%，60001～85000 元税率为 35%，85000 元以上税率为 45%。

```
salary=eval(input("请输入月薪："))
if salary<=5000:tax=0
elif salary<=8000:tax=(salary-5000)*0.03
elif salary<=17000:tax=(salary-8000)*0.1+3000*0.03
elif salary<=30000:tax=(salary-17000)*0.2+3000*0.03+9000*0.1
elif salary<=40000:tax=(salary-30000)*0.25+3000*0.03+9000*0.1+13000*0.2
elif salary<=60000:tax=(salary-40000)*0.3+3000*0.03+9000*0.1+13000*0.2+10000*0.25
elif salary<=850000:tax=(salary-60000)*0.35+3000*0.03+9000*0.1+13000*0.2+10000*0.25+20000*0.3
else:
tax=(salary-85000)*0.45+3000*0.03+9000*0.1+13000*0.2+10000*0.25+20000*0.3+25000*0.35
income=salary-tax
print("月薪{}元，本月缴税{}元，实际收入{}元".format(salary,tax,income))
```

程序运行结果：

```
请输入月薪：4500
月薪 4500 元，本月缴税 0 元，实际收入 4500 元
请输入月薪：8000
月薪 8000 元，本月缴税 90.0 元，实际收入 7910.0 元
```

如果将计算表达式中的数值预先计算出，例 3-4 可以改写为简化形式。

例 3-5　计算个人所得税（多分支示例）简化形式。

```
salary=eval(input("请输入月薪："))
if salary<=5000:tax=0
elif salary<=8000:tax=salary*0.03-150
elif salary<=17000:tax=salary*0.1-710
elif salary<=30000:tax=salary*0.2-2410
elif salary<=40000:tax=salary*0.25-3910
elif salary<=60000:tax=salary*0.3-5910
```

```
elif salary<=850000:tax=salary*0.35-8910
else: tax=salary*0.45-17410
income=salary-tax
print("月薪{}元，本月缴税{}元，实际收入{}元".format(salary,tax,income))
```

程序运行结果：

```
请输入月薪: 4500
月薪 4500 元，本月缴税 0 元，实际收入 4500 元
请输入月薪: 8000
月薪 8000 元，本月缴税 90.0 元，实际收入 7910.0 元
```

例 3-6　判断股票是否涨停或者跌停（多分支示例）。

涨停和跌停的设定是根据股票价格波动的情况来确定的。在中国 A 股市场中，涨停价和跌停价的计算分别为：

```
涨停价 = 前一个交易日收盘价 × 1.1
跌停价 = 前一个交易日收盘价 × 0.9
```

例如，如果某只股票的前一个交易日收盘价为 10 元，那么当天的涨停价为 11 元，跌停价为 9 元。

```
close=eval(input("请输入股票的前一个交易日收盘价: "))
nowprice=eval(input("请输入股票交易价格: "))
top=close*1.1
low=close*0.9
if nowprice<low:print("股票交易价格{}小于跌停价{}，股票不能在当前价格交易！".format(nowprice,low))
elif nowprice==low:print("股票交易价格{}等于跌停价{}，股票交易将停盘！".format(nowprice,low))
elif nowprice==top:print("股票交易价格{}等于涨停价{}，股票交易将停盘！".format(nowprice,top))
elif nowprice>top:print("股票交易价格{}大于涨停价{}，股票不能在当前价格交易！".format(nowprice,top))
else:print("股票可以正常交易！".format(nowprice,top))
```

程序运行结果：

```
请输入股票的前一个交易日收盘价: 51
请输入股票交易价格: 58
股票交易价格 58 大于涨停价 56.1，股票不能在当前价格交易！
请输入股票的前一个交易日收盘价: 51
请输入股票交易价格: 40
股票交易价格 40 小于跌停价 45.9，股票不能在当前价格交易！
```

3.3　程序的循环结构

程序的循环结构是编程语言中用于执行重复任务的一类控制结构。循环允许一段代码多次执行，直到满足某个终止条件。怎么样才能重复多次呢？循环语句在某种条件下，循环地执行某个语句块，并在符合条件的情况下跳出该段循环，其目的是重复地处理相同任务。Python 循环语句主要有 for 语句和 while 语句。

3.3.1　for 语句

for 语句主要用于遍历全部元素，例如逐个输出字符串中的字符，列表中的元素，元组中的元素，

集合中的元素（注意赋值时各元素的顺序），字典中的键，文件中的字符，等等。

1. for 语句基础语法

（1）for 语句语法格式一

```
for 迭代变量 in 遍历序列:
    执行语句
```

① 执行过程：依次将"遍历序列"的每一个元素传递给"迭代变量"，每传递一个元素时执行一次内部语句，直至"遍历序列"的最后一个元素，for 语句退出。

② 遍历序列可以是字符串（str）、列表（list）、元组（tuple）等。

例 3-7　遍历字符串。

```
strs="This is Python"
for c in strs:
print(c, end="*")
```

程序运行结果：

```
T*h*i*s* *i*s* *P*y*t*h*o*n*
```

例 3-8　遍历股票过去 5 个交易日的收盘价列表。

```
# 股票过去 5 个交易日的收盘价列表（单位：美元）
closing=[52.45, 55.20, 53.75, 56.50, 53.80]
# 遍历列表
for price in closing:
print(price)
```

程序运行结果：

```
52.45
55.2
53.75
56.5
53.8
```

（2）for 语句语法格式二

```
for 迭代变量 in range(start, end[, step]):
    执行语句
```

参数说明如下。

- start：初始值（默认为 0）。
- end：终止值。
- step：步进值（默认为 1），即每次重复操作时比上一次操作所增长的数值。

执行过程如下。

第一步：将 start 值传递给"迭代变量"，然后执行一次内部语句。

第二步：在 start 值的基础上加 step 值再次传递给"迭代变量"，如果"迭代变量"的值小于 end 的值，则再次执行内部语句，否则退出 for 语句。

例 3-9　输出九九乘法表。

```
for i in range(1, 10):
```

```
    for j in range(1,i+1):
        print("{}*{}={:2}".format(j,i,j*i),end="   ")
    print()
```

程序运行结果:

```
1*1= 1
1*2= 2   2*2= 4
1*3= 3   2*3= 6   3*3= 9
1*4= 4   2*4= 8   3*4=12   4*4=16
1*5= 5   2*5=10   3*5=15   4*5=20   5*5=25
1*6= 6   2*6=12   3*6=18   4*6=24   5*6=30   6*6=36
1*7= 7   2*7=14   3*7=21   4*7=28   5*7=35   6*7=42   7*7=49
1*8= 8   2*8=16   3*8=24   4*8=32   5*8=40   6*8=48   7*8=56   8*8=64
1*9= 9   2*9=18   3*9=27   4*9=36   5*9=45   6*9=54   7*9=63   8*9=72   9*9=81
```

例 3-10　输出 100 以内的偶数。

```
for i in range(0,101,2):
    print(i,end=" ")
```

程序运行结果:

```
0  2  4  6  8  10  12  14  16  18  20  22  24  26  28  30  32  34  36  38  40  42  44  46
48  50  52  54  56  58  60  62  64  66  68  70  72  74  76  78  80  82  84  86  88  90  92  94
96  98  100
```

2. else 语句

在循环正常结束后如果要执行某个语句块,则可以用 else 语句来操作。循环正常结束后,就会触发 else 语句。

例 3-11　for-else 语句示例。

```
for i in range(10):
    print(i ,end="   ")
else:
print("循环正常结束")
```

程序运行结果:

```
0  1  2  3  4  5  6  7  8  9   循环正常结束
```

for-else 语句说明: 如果依次做完了所有的事情(for 语句正常结束),就去做其他事(执行 else 语句),若做到一半就停下来不做了,就不去做其他事了(不执行 else 语句)。

3.3.2　while 语句

在条件为真的情况下,while 语句允许重复执行一段代码。如果条件成立,则重复执行相同操作;如果条件不符合,则跳出循环。

1. while 语句语法格式

```
while    循环条件:
    循环体
```

执行过程：判断循环条件，如果为真（True），则执行循环体；如果为假（False），则退出 while 语句。循环条件最终的返回值必须是 False 或 True。

例 3-12　每个月向银行存入固定金额的钱（比如 200 元），年利率是固定的 3%，按月复利计算，需要多少个月才能使账户总额达到 10000 元。

```
#· 初始化变量
deposit=eval(input("请输入每月存款额"))
rate=0.03  # 年利率
target=eval(input("请输入目标总额"))
total=0   # 当前总额
months=0  # 已经过去的月数
mon_rate=rate/12   # 计算每月的利息率
# 使用 while 语句计算累计值
while total<target:
    total+=total*mon_rate        # 每月计算利息并累加到总额
    total+=deposit               # 加上本月的存款
    months+= 1                   # 增加月份数
# 输出结果
print("{}个月后，账户总额将达到或超过{}元！".format(months, target))
```

程序运行结果：

```
请输入每月存款额: 200
请输入目标总额: 10000
48 个月后，账户总额将达到或超过 10000 元!
```

---

2. 循环中使用 else 语句语法格式

```
while   循环条件:
    循环体
else:
    执行语句
```

例 3-13　while-else 语句示例。

```
x = 3
while ( x > 0 ):
x -= 1
print ("Hello World" )
else:
print ("done" )
```

程序运行结果：

```
Hello World
Hello World
Hello World
done
```

3.3.3　特殊的流程控制语句

除了在条件不满足的时候结束循环外，还可以选择在某些条件下结束循环，结束循环可以使用

break 或 continue。

1. break

break 用于立即终止当前循环（最内层的循环），跳出循环体，并继续执行循环之后的代码。如果 break 出现在嵌套循环中，它将只终止最内层的循环。如果从 for 或 while 循环中终止，则任何对应的循环 else 语句块将不执行。

例 3-14　break 示例。

```
for letter in 'while':
    if letter == 'i':
        break
    print('当前字母为: ',letter)
```

程序运行结果：

```
当前字母为: w
当前字母为: h
```

2. continue

continue 用于跳过当前循环的剩余部分，并立即开始下一次循环。continue 之后的代码在当次循环中不会被执行。

例 3-15　continue 示例。

```
for letter in 'while':
    if letter == 'i':              # 字母为 i 时跳过输出
        continue
    print('当前字母为: ',letter)
```

程序运行结果：

```
当前字母为: w
当前字母为: h
当前字母为: l
当前字母为: e
```

用 break 关键字终止当前循环就不会执行当前的 else 语句，而使用 continue 关键字快速进入下一次循环，或者没有使用其他关键字，循环正常结束后，就会触发 else 语句。只有执行完循环的所有次数，才会执行 else 语句。break 可以阻止 else 语句的执行。break 用于完全终止循环，而 continue 用于跳过当前迭代的剩余部分并继续下一次迭代。正确选择使用 break 或 continue 可以有效地控制循环流程，使程序逻辑更加灵活和高效。

3.4　程序的异常处理

什么是异常？异常是 Python 对象表示一个错误。当 Python 程序发生异常时我们需要捕获并处理异常，否则程序会终止执行。在程序运行过程中，总会遇到各种各样的错误，有的错误是程序编写有问题造成的。我们如何处理异常，使程序正常运行？

可以使用 try-except 语句来处理异常。我们把所有可能引发异常的语句放在 try-语句块中，然后在 except 语句块中处理所有的异常。except 语句块可以专门处理单一的异常，或者一组包括在圆括号内的异常。如果没有给出异常的名称，except 语句块会处理所有的异常。对于每个 try 语句块，至少有一个相关联的 except 语句块。如果某个异常没有被处理，默认的 Python 处理器就会被调用。Python 处理器会终止程序的运行，并输出一个消息，表示 Python 处理器已经看到异常没有被处理。还可以让 try-except 关联一个 else 语句。当没有异常发生的时候，else 语句将被执行。

系统定义的异常如下。

BaseException：所有异常的基类，父类。

Exception：常规错误的基类。

StandardError：所有的内建标准异常的基类。

ImportError：导入模块错误。

ArithmeticError：所有数值计算错误的基类。

FloatingPointError：浮点计算错误。

AssertionError：断言语句失败。

AttributeError：对象没有这个属性。

Warning：警告的基类警告类。

也可以自定义异常。

1. 异常处理的基本使用

异常处理语句语法格式一：

```
try ：
    <语句块 1>
except <异常类型> ：
    <语句块 2>
```

程序首先执行语句块 1，如果输入有误，则执行语句块 2；如果输入没有错误，则执行 try-except 语句的后续语句。

例 3-16　异常处理的基本使用示例。

```
try ：
num = eval (input ("请输入股票买入价格：  "))
print (num**2)
except ：
print ("输入不是一个数值!")
```

程序运行结果：

```
请输入股票买入价格：  wy
输入不是一个数值!
```

2. 异常处理的高级使用

异常处理语句语法格式二：

```
try ：
    <语句块 1>
except ：
    <语句块 2>
else ：
```

```
    <语句块 3>
finally :
    <语句块 4>
```

程序首先执行语句块 1, 如果输入有误, 则执行语句块 2; 如果输入没有错误, 则执行 else 后的语句块 3, finally 对应的语句块 4 一定执行, else 对应的语句块 3 在不发生异常时执行。

例 3-17 异常处理的高级使用示例。

```
flag = False
while (flag == False):
try:
num =evel(input("请输入股票买入价格: "))
print(num**2)
except:
        print("输入错误! 请重新输入股票买入价格! ")
else :
        flag = True
finally :
print("输入的是数值!")
```

程序运行结果:

```
请输入股票买入价格:  wy
输入错误! 请重新输入股票买入价格!
输入的是数值!
```

3.5 random 库的使用

random 库是 Python 使用随机数的标准库。Python 产生的随机数和在概率论中理解的随机数是不一样的。概率论中, 随机数是随机产生的数据 (比如抛硬币的正反面), 但是 Python 不可能产生这样的随机数, 它的随机数是在特定条件下产生的确定值, 即伪随机数。

Python 中 random () 是不能直接访问的, 需要导入 random 库 (使用 import random 导入)。random 库函数如表 3-3 所示。

表 3-3 random 库函数

函数	说明	示例
seed (a=None)	初始化给定的随机数种子, 默认为当前系统时间	seed (5)
random ()	生成一个 [0.0, 1.0) 范围内的随机小数	random ()
randint (a, b)	生成一个 [a, b] 范围内的整数	randint (10, 20)
uniform (a, b)	生成一个 [a, b] 范围内的随机浮点数, 区间可以不是整数	uniform (2.1, 5.9)
choice (seq)	从序列中随机选择一个元素	choice ('python')
shuffle (seq)	将序列 seq 中的元素随机排列, 返回打乱后的序列	shuffle ([1, 3, 9, 8])

思维导图

本章思维导图如图 3-4 所示。

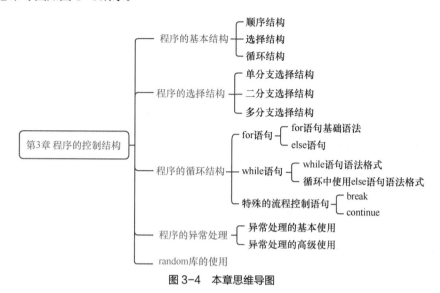

图 3-4　本章思维导图

课后习题

一、选择题

1. Python 中，关于 else 语句正确的是（　　）。

　　A. 只有 for 才有 else 语句　　　　　B. 只有 while 才有 else 语句

　　C. for 和 while 都可以有 else 语句　　D. for 和 while 都没有 else 语句

2. 以下 while 循环的循环次数是（　　）。

```
i=0
while(i<10):
if(i==5):break
    i+=1
######
```

　　A. 0　　　　　　　　B. 10　　　　　　　C. 5　　　　　　　D. 4

3. 下列 Python 程序段执行的结果是（　　）。

```
for s in "PYTHON":
    if s=="T":break
print(s, end="")
######
```

　　A. PY　　　　　　　B. PYT　　　　　　　C. PYTHON　　　D. PYHON

4. 以下 for 语句中，不能完成 1~10 的累加功能的是（　　）。

　　A. for i in range(10,0):sum+=i

　　B. for i in range(1,11):sum+=i

      C. for i in range(10,-1):sum+=i

      D. for i in (10,9,8,7,6,5,4,3,2,1):sum+=i

  5．下列 while 循环执行的次数为（   ）。

```
k=1000
while  k>1:
   print(k)
   k=k/2
######
```

      A. 8   B. 9   C. 10   D. 1000

二、判断题

  1．每一个步骤都按先后次序执行，属于顺序结构。（   ）

  2．在 Python 中可以使用 if 作为变量名。（   ）

  3．在 Python 中 if x>y:print(x)是正确的语句。（   ）

  4．表达式"3<5"的结果是 True。（   ）

  5．表达式"6/0"会引发 ValueError 异常。（   ）

三、填空题

  1．Python 通过＿＿＿＿来判断操作是否在选择结构中。

  2．终止一个循环的关键字是＿＿＿＿。

  3．Python 无穷循环 while True:的循环体中可用＿＿＿＿语句退出循环。

  4．当 x=0、y=20 时，语句 z=x if x else y 执行后 z 的值是＿＿＿＿。

  5．Python 中通过 try-except 语句提供＿＿＿＿功能。

四、简答题

  1．Python 的程序控制结构主要包括几种结构?

  2．Python 程序选择结构有哪几种形式?

  3．for 循环语句和 while 循环语句有什么异同?

  4．关于 try-except，哪些类型的异常是可以被捕获的?

章节实训

一、实训内容

  人民币纸币找零程序设计。

二、实训目标

  编写一个 Python 程序，输入需要找零的人民币整数（单位是元），按面额由大到小输出，要求输出纸币张数最少。可用的纸币面值有 100 元、50 元、20 元、10 元、5 元、2 元、1 元。

三、实训思路

  首先，输入参数为需要找零的人民币整数（单位是元）；然后，从纸币面值 100 元开始，对纸币面值依次取整，取余数，直到纸币面值取 1 元，输出取整的值即找零的纸币。

第 **4** 章
函数

学习目标

掌握函数的定义及调用；掌握在定义函数时如何设置参数和返回值；掌握局部变量和全局变量的使用等。

本章导读

函数的概念最早起源于数学领域，用于描述数学关系中的输入与输出。随着计算机科学的发展，函数的概念也被引入计算机编程中。函数用于将一组相关的指令封装在一起，形成一个可以重复使用的代码段。通过函数，程序员可以更高效地编写和维护代码，从而提高代码的可读性和可维护性。

本章主要介绍函数的概念、函数的分类及定义、函数的调用、函数的参数与返回值、变量的作用域及函数递归的使用方法等。

4.1 函数的定义与调用

在程序设计里，函数是用来实现特定功能的、可重复使用的代码段，是用于构建更大、更复杂程序的部件。在 Python 中，使用函数可以提高代码复用性、降低编程复杂度、减少代码冗余，从而提高程序编写的效率。

函数必须先创建（定义）才可以使用，用户通过调用函数名来实现相应代码段的功能，无须关心具体实现的细节，只需传递参数，得到函数运行的最终结果即可。相同的函数可以在一个或多个程序里多次调用。例如，利用净水器对自来水进行深度处理，假设把净水器比作一个函数，该函数把一步一步对水进行过滤处理的过程封装了起来，用户无须关心具体的处理过程，只需要传递参数（自来水），然后让净水器自动运行，最终就可获得处理结果（净化后的水）。

4.1.1 函数的定义

Python 中的函数分为内置函数、自定义函数和匿名函数。

1. 内置函数

内置函数是系统中预先定义好的一些常用函数，这些函数不需要引用库，直接使用即可。如：数值运算类函数（sum()、eval()）、I/O 操作类函数（input()、print()）、标准库中的函数（datetime

库中的 today ()、now ()) 等。Python 的内置函数如表 4-1 所示。

表 4-1　Python 的内置函数

Python 的内置函数				
abs ()	delattr ()	hash ()	memoryview ()	set ()
all ()	dict ()	help ()	min ()	setattr ()
any ()	dir ()	hex ()	next ()	slice ()
ascii ()	divmod ()	id ()	object ()	sorted ()
bin ()	enumerate ()	input ()	oct ()	staticmethod ()
bool ()	eval ()	int ()	open ()	str ()
bytes ()	exec ()	isinstance ()	ord ()	sum ()
bytearray ()	filter ()	issubclass ()	pow ()	super ()
complex ()	float ( )	iter ()	print ()	tuple ()
callable ()	format ()	len ()	property ()	type ()
chr ()	frozenset ()	list ()	range ()	vars ()
classmethod ()	getattr ()	locals ()	repr ()	zip ()
compile ()	globals ()	map ()	reversed ()	__import__ ()
	hasattr ()	max ( )	round ( )	

2. 自定义函数

自定义函数是由用户自己定义的。定义一个函数要使用 def 语句，语法格式如下：

```
def 函数名(参数 1, 参数 2, ..., 参数 n):
    函数体（语句块）
    return 返回值
```

说明如下。

- def：英文单词 define 的缩写，是定义函数的关键字。
- 函数名：函数的名称，必须符合 Python 中的命名要求，一般用小写字母、下画线、数字等组合，如 my_sum、func1 等。函数名后的:（冒号）必不可少。
- 参数：参数写在函数名后的圆括号里，为函数体提供数据，参数个数不限，可以是 0 个、1 个或多个。
- 函数体：进行一系列逻辑运算的语句块，相对于 def 缩进 4 个空格。
- 返回值：函数执行完毕后返回给调用者的数据。返回值没有类型及个数限制，若有返回值，则使用 return 结束函数并返回值，否则不使用 return，表达式相当于返回 None。

Python 函数有两种类型的参数，一种是函数定义里的形式参数（简称形参），另一种是调用函数时传入的实际参数（简称实参）。接下来通过简单的例子，深入理解函数。

例 4-1　无参函数。

```
def func ():
    print ("Python is interesting!")
func ()
```

程序运行结果：

Python is interesting!

在函数定义阶段圆括号内没有参数，称为无参函数，调用时也无须传入参数。如果函数体不需要依赖外部传入的值，则必须定义为无参函数。

例 4-1 中函数的作用就是输出一句话，但是没有 return，相当于返回值是 None。

例 4-2　编写程序用于比较两个数的大小，输出两个数中的最大值（有参函数）。

```
def max(num1,num2):
    if num1>num2:max=num1
    else: max=num2
    return max
max1=max(2,15)
print("最大值是: ",max1)
```

程序运行结果：

最大值是: 15

在函数定义阶段圆括号内有参数，称为有参函数，调用时必须传入实参。如果函数体需要依赖外部传入的值，则必须定义为有参函数。

代码第一行定义了一个函数 max(num1,num2)，最后两行是主程序。这里给出函数名 max 和实参(2,15)，替换形参(num1,num2)来调用这个函数。程序就从最后两行开始运行。

3. 匿名函数

lambda 函数也称匿名函数，即没有函数名的函数。lambda 只是一个单行的表达式，函数体比 def 的简单很多，其语法格式如下：

lambda 参数 1,参数 2,...,参数 *n*: 表达式

单行表达式决定了 lambda 函数只能实现非常简单的功能。

例 4-3　lambda 函数示例。

```
f=lambda x,y:x*y
f(2,3)
```

程序运行结果：

6

函数输入参数 x 和 y，输出值是积 x*y，并将输出值赋给变量 f，变量 f 成为具有乘法功能的函数。

4.1.2　函数的调用

函数在定义阶段不会立即执行，而是等函数被程序调用时才执行。对例 4-2 的程序（见图 4-1）进行流程分析，如下。

（1）程序运行时，首先跳过 def 定义的函数代码，而从主程序的第一行，也就是图 4-1 中第 5 行 max1=max(2,15)开始运行，即调用函数 max()。

```
1  def max(num1,num2):
2      if num1>num2:max=num1
3      else:max=num2
4      return max
5  max1=max(2,15)
6  print("最大值是: ",max1)
```

图 4-1　例 4-2 的程序

（2）程序在调用处（图 4-1 中第 5 行）暂停执行，然后跳转到 def 定义的函数体的第一行，并将实参 2 传递给形参 num1，实参 15 传递给形参 num2，即 num1=2，num2=15。

（3）继续执行完函数体中的所有语句，计算出 max=15，再跳回到程序暂停处（图 4-1 中第 5 行）继续执行，将数值 15 作为函数返回值，即 max(2,15)=15，得到 max1=15。

（4）继续执行完主程序中的所有语句，输出 max1。

Python 函数必须先定义后调用，函数定义后就可以反复调用，从而避免代码冗余。

4.2　函数的参数与返回值

4.2.1　默认参数

定义函数时，如果给参数设置了默认值，当调用该函数时没有传递对应的实参，就会使用这个默认值。

例 4-4　默认参数示例。

```
def add(a, b=1):
    return a+b
add(2)
```

程序运行结果：

```
3
```

```
add(2,3)
```

程序运行结果：

```
5
```

从以上结果可以得知，如果在调用函数时没有给形参 b 赋值，则使用 b 的默认值 1；如果在调用函数时给 b 赋值，则使用实际传入的值。这里需要注意的是，默认参数一定要指向不变对象，且必须定义在非默认参数（必选参数）之后。

4.2.2　关键字参数

实参默认情况下是按位置从左至右顺序传递给函数的，而关键字参数通过"键-值"形式加以指定，允许通过变量名进行匹配，而不是通过位置，从而让函数更加清晰。

例 4-5　关键字参数示例。

```
def func(a, b, c):
    print(a, b, c)
func(1,2,3)    #顺序传递，1 传给 a，2 传给 b，3 传给 c
```

程序运行结果：

```
1,2,3
```

```
func(c=3, a=1, b=2) #关键字参数
```

程序运行结果：

```
1,2,3
```

采用关键字参数后，参数通过变量名进行传递，参数的位置可以任意调整。

4.2.3　可变长参数

可变长参数就是向一个函数传递不定个数的参数。例如，我们要定义一个函数用于计算咖啡店每

单的销售额，由于每单的咖啡品种及数量都不一样，因此传入的参数个数也就不同，这时就可以使用可变长参数来定义函数。

可变长参数有两种形式，一种是在参数前加一个星号（*），数据结构为元组；另一种是在参数前加两个星号（**），数据结构为字典。

例 4-6 可变长参数示例 1。
```
def f1(a, *args):
    print(a, args)
f1(1, 2, 3, 4)
```
程序运行结果：
```
1 (2, 3, 4)
```

---

1 按照位置传递给 a，2、3、4 被当作元组类型数据传递给 args。

例 4-7 可变长参数示例 2。
```
def test(**kwargs):
    print(kwargs)
    print(type(kwargs))
    for key, value in kwargs.items():
        print("{} = {}".format(key, value))
test(name='jerry', age=18, address='kunming')
```
程序运行结果：
```
{'age': 18, 'name': 'jerry', 'address': 'kunming'}
<class 'dict'>
age = 18
name = jerry
address = Kunming
```

---

kwargs 是一个字典，传入的参数以键值对的形式存放到字典里。参数定义的顺序必须是：必选参数→默认参数→可变长参数。

4.2.4 返回值

return 语句用于结束函数，并将结果及控制权返回给调用者。执行到 return 语句时，会退出函数，return 之后的语句不再执行。

在实际编程环境中，一些函数没有 return 语句，只需要执行，不需要返回值（返回 None），如例 4-1 定义的函数就只执行。但在大部分情况下，函数的运行结果需要用在其他运算中，所以函数必须返回一个结果。接下来，通过几个例子进行分析。

例 4-8 无返回值的函数示例 1。
```
def test1():
    print("I am running a test")
a=test1()
print(a)
```
程序运行结果：

```
I am running a test
None
```

上面这个函数没有 return 语句，返回给变量 a 的是 None（无返回值），None 没什么利用价值，所以无须用一个变量来存储。通常采用以下方式进行调用。

例 4-9 无返回值的函数示例 2。

```
def test1():
    print("I am running a test")
test1()
```

程序运行结果：

```
I am running a test
```

例 4-10 有返回值的函数示例。

```
def square_sum(a, b):
    c=a**2+b**2
    return c
s=square_sum(1, 2)
print(s)
```

程序运行结果：

```
5
```

return 也可以返回多个值，多个值以元组类型返回。

例 4-11 返回多个值的函数示例。

```
def test2():
return 1, 2, 3, 4, 5, 6
a=test2()
print(a)
```

程序运行结果：

```
(1, 2, 3, 4, 5, 6)
```

4.3 变量的作用域

作用域就是一个变量的可用范围，由变量被赋值的位置所决定，根据作用域的不同可将变量分为两类：局部变量和全局变量。

4.3.1 局部变量

局部变量是指定义在函数内部的变量，其作用域是局部的，只能被函数内部引用，在函数外无效。

例 4-12 变量示例 1。

```
def func():
    a=123    #a 是局部变量
    print(a)
```

```
func()
```

程序运行结果:

```
123
```

局部变量只能在函数内部使用,一旦函数运行并退出后,局部作用域被销毁,局部变量就不存在了,超出函数体的范围引用就会出错。

例 4-13 变量示例 2。

```
def func():
a=123
func()
print(a)
```

此时会得到一个错误提示: NameError: name 'a' is not defined。

4.3.2 全局变量

全局变量一般定义在所有函数体之外,其作用域是全局的,在程序整个运行过程中都有效。若在函数体内定义全局变量,则必须在定义的时候加上关键字 global。

例 4-14 变量示例 3。

```
s=0   #全局变量
def add(a,b):
    s=a+b   #此处的 s 为局部变量
    print(s)
add(1,2)
print(s)
```

程序运行结果:

```
3
0
```

从以上结果可以得知,add()函数将 s 当作局部变量,add()运行并退出后,释放 s,而函数体外的全局变量 s 的值仍然为 0,没有被更改。如果在 add()函数内的变量 s 前加上关键字 global,则运行结果会发生改变。

例 4-15 变量示例 4。

```
s=0   #全局变量
def add(a,b):
    global s   #s 定义为全局变量
    s=a+b
    print(s)
add(1,2)
print(s)
```

程序运行结果:

```
3
```

add()函数内的 s 加上关键字 global 后,变成了全局变量,add(1,2)函数运行后随即改变了全局变量 s 的值。全局变量在函数内部不经过声明也可以被引用。

例 4-16 变量示例5。

```
x, y=1, 2            #x、y 均为全局变量
def func():
    global z         #z 定义为全局变量
    z=x*y            #引用全局变量 x 和 y
    return z
func()
```

程序运行结果：

2

通过以上几个例子的学习，我们对变量的作用域总结如下。

（1）一个函数内的局部变量不能被其他函数引用。

（2）局部变量不能被全局作用域中的代码引用。

（3）局部作用域内可以访问全局变量。

此外，虽然局部变量和全局变量可以使用相同的名字，也就是同名的不同变量，不过这种做法容易造成程序出错，所以通常建议局部变量和全局变量使用不同的名字。

4.4 递归

递归指的是函数直接或间接地调用自身以进行循环的方式。使用递归的关键在于将问题分解为更为简单的子问题。递归不能无限制地调用本身，否则会耗尽资源，最终必须以一个或多个基本实例（非递归状况）结束。

斐波那契数列又称黄金分割数列，是典型的一个递归例子，由数学家列昂纳多·斐波那契（Leonardo Fibonacci）以兔子繁殖为例子而引入，指的是这样一个数列：0,1,1,2,3,5,8,13,21,34,…。该数列的第 0 项是 0，第 1 项是第一个 1，从第二项以后的每一项都等于前两项之和。斐波那契数列通常按照递推方法定义如下：

$$F(n)=F(n-1)+F(n-2)$$

我们可以用递归函数来实现斐波那契数列的计算。

例 4-17 根据用户输入的整数 n，计算并输出斐波那契数列的第 n 个数。

```
# fibo.py
def fibo(n):
    if n==0:return 0
    elif n==1:return 1
    else:return fibo(n-1)+fibo(n-2)
a=eval(input("请输入一个非负整数: "))
print(fibo(a))
```

程序运行结果：

请输入一个非负整数: 8
21

代码中的 fibo(n-1)+fibo(n-2)就是在 fibo()函数内部调用自己，实现了递归。为了方便大家进

一步理解，下面给出 fibo(4) 的递归调用过程。

（1）已知 fibo(0)=0，fibo(1)=1，计算 fibo(4)，首先进行条件判断（n=4），选择 else 分支，执行 fibo(4-1)+ fibo(4-2)，即 fibo(4)=fibo(3)+fibo(2)。

（2）继续计算 fibo(3)，仍然选择 else 分支，执行 fibo(3-1) + fibo(3-2)，即 fibo(3)=fibo(2) +fibo(1)。

（3）继续计算 fibo(2)，还是选择 else 分支，执行 fibo(2-1) + fibo(2-2)，即 fibo(2)=fibo(1)+ fibo(0)=1+0=1。

（4）将 fibo(2)=1、fibo(1)=1 这两个值返回到 fibo(3)，得到 fibo(3)=1+1=2。

（5）将 fibo(3)=2、fibo(2)=1 这两个值返回到 fibo(4)，得到 fibo(4)=2+1=3。

fibo() 函数有两个基本实例：fibo(0)=0、fibo(1)=1。当 n=0 及 n=1 时，fibo() 函数不再递归，返回相应的值，计算出 fibo(2) 的结果，并逐层向上返回。这里需要注意的是：递归最终必须以一个或多个基本实例结束。

理论上，循环都可以用递归函数来实现，而且递归函数具备定义简洁、逻辑清晰、可读性更强等优点。

思维导图

本章思维导图如图 4-2 所示。

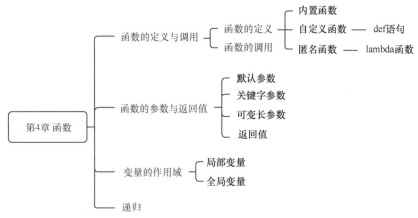

图 4-2　本章思维导图

课后习题

一、选择题

1．以下对于函数的定义错误的是（　　　）。
  A．def func(a, b=0):   B．def func(a, *b):
  C．def func(a, b):   D．def func(*a, b):

2．关于 return 语句，以下选项中描述正确的是（　　　）。
  A．函数可以没有 return 语句   B．函数中最多只有一个 return 语句
  C．函数必须有一个 return 语句   D．return 语句只能返回一个值

3．关于 Python 中的 lambda 函数，以下选项中描述错误的是（　　　）。

    A．lambda 函数将函数名作为函数结果返回

    B．f=lambda x,y:x+y 执行后，f 的类型为数值类型

    C．lambda 用于定义简单的、能够在一行内表示的函数

    D．可以使用 lambda 函数定义列表的排序原则

4．以下关于递归函数基本实例的说法错误的是（　　　）。

    A．递归函数的基本实例不再进行递归　　　B．每个递归函数只能有一个基本实例

    C．递归函数的基本实例决定递归的深度　　D．递归函数必须有基本实例

二、判断题

1．函数的作用之一是提高代码复用性。（　　　）

2．函数的作用之一是降低编程复杂度。（　　　）

3．函数通过函数名来调用。（　　　）

4．函数是一段实现特定功能、不可以重复使用的语句组。（　　　）

5．根据作用域的不同可将变量分为局部变量和全局变量。（　　　）

6．函数没有 return 语句，不返回数值。（　　　）

7．自定义函数调用前必须定义。（　　　）

三、填空题

1．匿名函数使用＿＿＿＿＿＿关键字来定义。

2．函数定义使用＿＿＿＿＿＿关键字来定义。

3．全局变量使用＿＿＿＿＿＿关键字来定义。

4．函数在定义阶段不会立即执行，而是等函数被＿＿＿＿＿＿时才执行。

四、简答题

1．在 Python 中如何定义函数？编写函数有什么意义？

2．根据作用域的不同可将变量分为哪两类？

3．什么是递归？

章节实训

一、实训内容

在 Python 中，定义一个函数来判断输入的数值是否为质数。

二、实训目标

掌握函数的定义及调用方法。

三、实训思路

质数是能被自身或 1 整除的大于 1 的自然数。判断输入的值 N 是否小于 2，若 $N<2$，则 N 不是质数；若 $N\geq2$，则使用 for 循环，从 2 开始一直到 N 的平方根（向上取整）为止，检查 N 是否能被这些数整除。若能被整除，则 N 不是质数；若不能被整除，则 N 是质数。

第 5 章
组合数据类型

学习目标

掌握 Python 中常见的组合数据类型（如列表、元组、集合、字典）的概念和特点；掌握各种组合数据类型的创建、访问、修改和操作方法。

本章导读

组合数据类型应用需求

在日常应用的环境中我们需要处理的数据有很多，如学生的成绩列表、购物车中的商品列表、学生的学号和姓名的对应关系、配置文件中的参数和其对应的值等，这些数据由多个基本数据类型或其他组合数据类型组合而成，通常需要对其内部的元素进行添加、删除、修改等操作，内部元素的存储方式可能不同，且存储空间大小不固定，这样的数据无法用基本数据类型表示。为使 Python 能够更方便、高效地处理复杂的数据结构，提出了满足程序设计中对多种数据组织和操作的需求的组合数据类型。

Python 的组合数据类型可以将多个同类型或不同类型的数据组织起来，通过单一的表示使数据操作更有序、更容易。根据数据之间的关系，组合数据类型分为以下 3 类。

序列类型：是一个元素向量，元素之间存在先后关系，可通过序号访问。常见的序列类型包括字符串、列表和元组。其中，字符串是单一字符的有序组合，它既可以是简单数据类型，也可以是复杂数据类型中的序列；列表是可以修改数据项的序列类型，使用灵活；元组则是包含 0 个或多个数据项的不可变序列类型，元组生成后固定，其中任何数据项不能替换或删除。序列类型适用于需要按照顺序访问和处理元素的情况，例如存储一系列相关的数据。

集合类型：与数学中集合的概念一致，即包含 0 个或多个数据项的无序组合。集合中元素不可重复，元素类型只能是固定数据类型，例如整数、浮点数、字符串、元组等，因为列表、字典和集合类型本身都是可变数据类型，不能作为集合的元素出现。集合没有索引和位置的概念，不能分片，但集合中的元素可以动态增加或删除，用花括号"{}"表示。集合类型适用于成员关系测试、元素去重和删除数据项等操作。

映射类型：映射类型是"键-值"数据项的组合，每个元素是一个键值对，表示为（key, value），元素之间无序。在 Python 中，映射类型主要以字典（dict）体现，通过键可以快速访问和操作对应的值。映射类型在需要根据特定的键快速查找对应的值时非常有用，常用于表示具有映射关系的数据。

5.1 列表

5.1.1 列表简介

在 Python 中，列表是一种非常常用和灵活的组合数据类型，它是一个有序的、可修改的元素集合。这意味着列表中的元素有特定的顺序，并且可以随时添加、删除或修改元素。列表可以容纳不同类型的数据，包括整数、浮点数、字符串，甚至是其他列表或复杂的数据结构等。

1. 创建空列表

创建一个列表，只需要把逗号分隔的不同数据项使用方括号"[]"括起来即可。

> **例 5-1** 创建空列表。
>
> ```
> list0 = []
> ```

2. 创建非空列表

列表中可以存储数据，通过索引来访问列表中的元素，索引从 0 开始。例如，在 list1 中存储的数据是云南财经大学的英文缩写、学院数量、教学部数量和校训，可以获取云南财经大学的校训。

> **例 5-2** 获取云南财经大学的校训。
>
> ```
> list1 = ["YNUFE", 17, 1, "好学笃行，厚德致远"]
> print(list1[3])
> ```
>
> 程序运行结果：
>
> ```
> ['好学笃行，厚德致远']
> ```

5.1.2 列表的操作

1. 大规模生成列表

在科学计算、物理模拟、金融建模、人工智能等领域，需要生成大量的随机数据或按照特定规律生成的数据来进行模拟实验，例如，模拟股票价格的波动、生成大量的价格数据点、生成大量的图像特征数据用于图像识别模型的训练等。当需要处理大量相关的数据，并且这些数据需要以一种有序的方式进行存储和操作时，就需要生成大规模的列表数据。常用的大规模列表数据生成的方法有以下两种。

（1）使用普通循环生成

> **例 5-3** 生成包含 1000 个元素的列表。
>
> ```
> list2 = []
> for i in range(1000):  # 假设生成包含 1000 个元素的列表
>     list2.append(i)
> ```

普通循环生成方法灵活性高，可以处理非常复杂的逻辑关系，能够轻松地添加各种条件判断、异常处理等复杂的操作，由于代码是逐步执行的，在调试时更容易跟踪和理解每个步骤的执行过程。

（2）使用列表推导式生成

例如：list3 = [i for i in range(1000)]。

列表推导式生成方法简洁、可读性高，通常能够以更简洁的方式表达创建列表的逻辑，使代码更紧凑和易读。列表推导式生成方法在底层的实现上进行了一些优化，比普通循环生成方法效率更高。

例 5-4　模拟生成掷 1000 次硬币的结果数据，正面朝上标记为 0，反面朝上标记为 1，将结果数据存放在列表 coin_list 中。

```
import random
coin_list = [random.choice([0, 1]) for _ in range(1000)]  #当在循环结构中不需要使用循环变量的值时，可以用_来作为变量名
print(coin_list)
```

程序运行结果：

```
[0, 1, 0, 1, 0, 0, 1, 0, 0, 0, 1, 1, 0, 1, 1, 0, …]
```

例 5-5　模拟生成价格区间在 15 元至 100 元之间的 1000 种商品的价格，生成的价格数据保留两位小数点，将结果数据存放在列表 prices_list 中。

```
import random
prices_list = [round(random.uniform(15, 100), 2) for _ in range(1000)]
print(prices_list)
```

程序运行结果：

```
[18.57, 45.45, 87.37, 75.56, 87.21, 98.49, …]
```

2. 列表的访问

在 Python 中，列表和字符串都是序列类型的数据，可以通过索引来访问列表中的元素。列表的索引从 0 开始。常见的列表访问方式有通过索引访问和通过切片访问，其操作方式与字符串操作方式类似。

现定义列表 list4：

```
list4=[11, 22, 33, 44, 55, 66, 77]
```

（1）通过索引访问

索引是对列表进行的一项基本操作，其目的在于获取列表里的某一个元素。此操作遵循序列类型的索引模式，涵盖正数索引与负数索引，以方括号"[ ]"充当索引操作符。在使用索引时，序号不得超出列表的元素个数，否则会引发 IndexError 异常。通过索引访问列表情况如表 5-1 所示。

表 5-1　通过索引访问列表情况

功能	语句	输出结果
访问 list4 中的第 1 个元素	print(list4[0])	11
访问 list4 中的第 3 个元素	print(list4[2])	33
访问 list4 中的倒数第 1 个元素	print(list4[-1])	77
访问 list4 中的倒数第 3 个元素	print(list4[-3])	55

（2）通过切片访问

在 Python 中，列表的切片访问方式非常灵活和强大。列表切片操作通过指定起始位置索引、终止位置索引和步长来获取列表的一部分。

基本语法格式：list[start:end:step]。

参数说明如下。

- start（可选参数，默认为 0）：切片的起始位置索引。
- end（可选参数，默认为列表的长度）：切片的终止位置索引（不包含该位置的元素）。
- step（可选参数，默认为 1）：切片的步长，表示每隔几个元素取一个。

通过切片访问列表情况如表 5-2 所示。

表 5-2　通过切片访问列表情况

功能	语句	输出结果
访问 list4 中的索引为 1 到 4 的元素	print(list4[1:4])	[22, 33, 44]
访问 list4 中的索引为 3 到列表末尾的元素	print(list4[3:])	[44, 55, 66, 77]
访问 list4 中的列表开头到索引为 5 的元素	print(list4[:5])	[11, 22, 33, 44, 55]
访问 list4 中的索引为 1 到 7 且步长为 2 的元素	print(list4[1:7:2])	[22, 44, 66]
访问 list4 中的全部元素	print(list4[:])	[11, 22, 33, 44, 55, 66, 77]
倒序访问 list4	print(list4[::-1])	[77, 66, 55, 44, 33, 22, 11]

通过灵活运用切片访问操作，可以方便地正序或倒序获取列表的特定部分，从而满足各种编程数据访问需求。

3. 列表的其他操作

（1）修改列表中的元素

在 Python 中，列表是一种可变的数据类型，可以直接修改列表中的元素。要修改列表中的元素，需要知道该元素的索引位置。通过索引，可以将新的值赋给对应的位置，从而实现对元素的修改。

例 5-6　修改列表 list4 中的元素。

```
list4=[11,22,33,44,55,66,77]
list4[3]=88
print(list4)
```

程序运行结果：

```
[11, 22, 33, 88, 55, 66, 77]
```

修改列表中的元素时需要确保索引值在列表的有效范围内，否则会引发 IndexError 异常。修改列表中的元素在很多实际应用中非常有用，例如在数据处理、动态更新数据等场景中，为我们提供了一种灵活操作数据的方式，使得列表能够根据程序的运行情况和需求进行实时的调整和改变。

（2）列表的连接和复制

与字符串操作一样，可以使用"+"和"*"运算符实现列表的连接和复制，通过连接和复制可以生成一个新的列表。

除了可以使用"+"和"*"运算符实现列表的连接和复制，还可以使用 extend() 函数和 copy() 函数实现列表的连接和复制。使用"+"运算符连接列表时，会创建一个新的列表来存储连接后的结果。如果原始的两个列表非常大，频繁的连接操作可能会在操作和内存使用上产生较多的开销。使用 extend() 函数将一个列表添加到另一个列表的末尾时，是在原列表上进行修改的，而不是创建一个新的列表，操作和内存使用上产生的开销较少。

例 5-7　现有列表 list5=["云南财经大学","会计学院"] 和列表 list6=["2024 级","会计学专业"]，请连接两个列表。

```
list5 = ["云南财经大学","会计学院"]
list6 = ["2024 级","会计学专业"]
print(list5 + list6)
```

程序运行结果：

```
['云南财经大学', '会计学院', '2024 级', '会计学专业']
```

（3）添加列表中的元素

在 Python 中，向列表添加元素存在多种不同的函数，每种函数都有其特定的用途和适用场景。

① append()。

append()函数用于在列表的末尾添加一个元素。这个函数操作简单、直接，只需要将要添加的元素作为参数传递给它即可。

例 5-8　在列表 list4 中添加元素 88，并显示添加后的内容。

```
list4=[11,22,33,44,55,66,77]
list4.append(88)
print(list4)
```

程序运行结果：

```
[11,22,33,44,55,66,77,88]
```

② extend()。

extend()函数用于将一个可迭代对象（如另一个列表、元组、字符串等）的所有元素依次添加到当前列表的末尾。

例 5-9　现有列表 list5 = ["云南财经大学","会计学院"] 和列表 list6 = ["2024 级","会计学专业"]，现将 list6 添加在 list5 后输出显示。

```
list5 = ["云南财经大学","会计学院"]
list6 = ["2024 级","会计学专业"]
list5.extend(list6)
print(list5)
```

程序运行结果：

```
['云南财经大学', '会计学院', '2024 级', '会计学专业']
```

③ insert()。

insert()函数用于在指定的索引位置插入一个元素。需要提供两个参数，第一个是索引位置，第二个是要插入的元素。

例 5-10　在列表 list4 中的索引为 3 的位置插入元素 88，并显示插入后的内容。

```
list4=[11,22,33,44,55,66,77]
list4.insert(3,88)
print(list4)
```

程序运行结果：

```
[11, 22, 33, 88, 44, 55, 66, 77]
```

（4）移除列表中的元素

在 Python 数据处理中，经常需要对数据进行清洗，以及动态删除不需要的、重复的数据等，可用移除列表中的元素来完成相关操作，主要有以下几种常见函数。

① remove()。

remove()函数用于移除列表中指定值的第一个匹配项。该函数没有返回值，会直接在原列表上进行修改。如果指定的元素在列表中不存在，会引发 ValueError 异常。remove()函数只会移除第一个匹配到的元素，如果列表中有多个相同的元素，需要多次调用 remove() 函数来移除。

例 5-11 在列表 list7 中移除第一个 33，并显示移除后的内容。

```
list7=[11, 22, 33, 44, 55, 66, 77, 33, 88]
list7.remove(33)
print(list7)
```

程序运行结果：

```
[11, 22, 44, 55, 66, 77, 33, 88]
```

② pop()。

pop()函数用于移除并返回列表中指定位置的元素，语法格式为 list.pop(index=-1)，参数 index 可选，用于指定要移除元素的索引位置，默认值为 -1，表示移除并返回列表中的最后一个元素。

例 5-12 在列表 list7 中移除最后一个元素，把移除的元素放到变量 pop_val 中，并显示移除后的列表的内容和 pop_val 的值。

```
list7=[11, 22, 33, 44, 55, 66, 77, 33, 88]
pop_val=list7.pop()
print(list7)
print(pop_val)
```

程序运行结果：

```
[11, 22, 33, 44, 55, 66, 77, 33]
88
```

如果指定的索引超出列表的范围，会引发 IndexError 异常。pop()函数会直接修改原列表。

例 5-13 在列表 list7 中移除索引为 3 的元素，把移除的元素放到变量 pop_val 中，并显示移除后的列表的内容和 pop_val 的值。

```
list7=[11, 22, 33, 44, 55, 66, 77, 33, 88]
pop_val=list7.pop(3)
print(list7)
print(pop_val)
```

程序运行结果：

```
[11, 22, 33, 55, 66, 77, 33, 88]
44
```

③ del。

del 语句用于删除对象。当用于删除列表时，它可以根据索引删除列表中的元素。其语法格式为 del list[index] 或者 del list[start:end]，参数 index 为要删除的单个元素的索引，start:end 用于指定要删除的元素范围，包括 start 索引但不包括 end 索引。

例 5-14　在列表 list7 中移除索引为 4 的元素，并显示移除后的列表的内容。

```
list7=[11, 22, 33, 44, 55, 66, 77, 33, 88]
del list7[4]
print(list7)
```

程序运行结果：

```
[11, 22, 33, 44, 66, 77, 33, 88]
```

例 5-15　在列表 list7 中移除索引为 2 到 5 的元素，并显示移除后的列表的内容。

```
list7=[11, 22, 33, 44, 55, 66, 77, 33, 88]
del list7[2:5]
print(list7)
```

程序运行结果：

```
[11, 22, 66, 77, 33, 88]
```

（5）嵌套列表

嵌套列表指的是列表中的元素本身也是列表。嵌套列表可以用来表示矩阵、表格数据、树结构等复杂的多维数据结构。

以下是一个简单的嵌套列表示例：

```
list8 = [[1, 2, 3], [4, 5, 6], [7, 8, 9]]
```

list8 就是一个 3 行 3 列的嵌套列表，表示一个简单的矩阵。可以通过多重索引访问嵌套列表中的元素。例如，要获取 list8 中第 2 行、第 3 列的元素（即 6），可以这样写：

```
print(list8[1][2])
```

嵌套列表在处理复杂的数据结构和逻辑时非常有用，也可按二维表格形式处理数据。例如，定义一个表示学生成绩的嵌套列表：

```
stu = [["202305001212","李平", 90, 85, 90],
       ["202305001345","张涛", 80, 75, 80],
       ["202305001478","王程", 85, 95, 92]]
```

在这个例子中，每个子列表代表一个学生的信息，包括学生学号、姓名、平时成绩、期中成绩、期末成绩。如果要查询张涛的期末成绩，可以用以下程序：

```
print(stu[1][4])
```

程序运行结果为 80。

例 5-16　在列表 stu 中包括学生学号、姓名、平时成绩、期中成绩、期末成绩，如果期末总评成绩=平时成绩×0.3+期中成绩×0.3+期末成绩×0.4，显示每个学生的姓名及对应的期末总评成绩。

```
stu = [["202305001212","李平", 90, 85, 90],
       ["202305001345","张涛", 80, 75, 80],
       ["202305001478","王程", 85, 95, 92]]
for i in range(0,3):
    print(stu[i][1], round(stu[i][2]*0.3+stu[i][3]*0.3+stu[i][4]*0.4,1))
```

程序运行结果：

```
李平 88.5
张涛 78.5
王程 90.8
```

嵌套列表为组织和处理复杂的、多维的数据提供了一种有效的方式。但在使用时需要注意索引的正确性，以避免出现索引错误。

5.2 元组

5.2.1 元组简介

元组是 Python 中的一种不可变序列类型，用圆括号括起来，元素之间通过逗号分隔。在应用中，元组一旦创建，其内容不能修改，即无法添加、删除或修改元素。这样的特点使得元组在某些情况下非常有用，例如固定数据项的表示、函数多返回值的接收、循环遍历中的不变数据源等。元组可以包含任何类型的数据，包括数字、字符串、布尔值，甚至是其他元组或列表等。

创建元组的方法有几种，最直接的方法是将多个数据项用逗号隔开，放在圆括号内。例如：

tuple1=(1, 2, 3)

tuple1 是一个包含 3 个整数的元组。

此外，还可以使用内置的 tuple() 函数创建元组，该函数接收一个可迭代对象作为参数，并将其转换为元组。

由于元组是不可变的，因此不能直接修改其内容。但是，可以通过多种方法间接修改元组内容。一种常见的方法是将元组转换成列表，进行修改后再转回元组。另一种方法是使用切片和拼接操作来生成新的元组，从而实现对原始元组的部分"修改"。

在 Python 中，元组与列表相似，不同之处在于元组的元素不能修改，而列表的元素可以修改；元组使用圆括号，列表使用方括号。列表的访问、连接和复制等操作都可以用于元组。

5.2.2 元组的操作

1. 元组的创建

元组的创建很简单，使用()直接创建或者使用 tuple()函数创建，只需要在圆括号中添加元素，并使用逗号隔开即可。

（1）使用()创建元组

通过()创建元组后，使用 = 将它赋值给变量。

> **例 5-17** 使用()创建元组。
> tuple2=('云南财经大学', '会计学院', '2024 级', '会计学专业')
> print(tuple2)
> 程序运行结果：
> ('云南财经大学', '会计学院', '2024 级', '会计学专业')

如果元组只有一个元素，需要在元素后面加一个逗号，以表示它是一个元组。

> **例 5-18** 元组操作。
> tuple3=(1)
> tuple4=(1,)

```
print(tuple3)
print(tuple4)
print(type(tuple3))
print(type(tuple4))
```

程序运行结果：

```
1
(1,)
<class 'int'>
<class 'tuple'>
```

（2）使用 tuple() 函数创建元组

除了可以使用 () 创建元组，还可以使用 tuple() 函数创建元组，但 tuple() 函数偏向于将某个类型转换为元组。

例 5-19 使用 tuple() 函数创建元组。

```
list9 = ["YNUFE", 17, 1, 6, "好学笃行，厚德致远"]
tuple5=tuple(list9)
print(list9)
print(tuple5)
print(type(list9))
print(type(tuple5))
```

程序运行结果：

```
['YNUFE', 17, 1, 6, '好学笃行，厚德致远']
('YNUFE', 17, 1, 6, '好学笃行，厚德致远')
<class 'list'>
<class 'tuple'>
```

2. 元组的访问

元组的访问方式与列表的访问方式一致，也是通过索引来访问元组中的元素，索引从 0 开始。例如，对元组 tuple6=(11, 22, 33, 44, 55, 66, 77) 进行索引访问的情况如表 5-3 所示。

表 5-3 对元组 tuple6=(11,22,33,44,55,66,77)进行索引访问的情况

功能	语句	输出结果
访问索引为 0 的元素	print(tuple6[0])	11
访问索引为 2 的元素	print(tuple6[2])	33
访问索引为-1 的元素	print(tuple6[-1])	77
访问索引为-3 的元素	print(tuple6[-3])	55
访问索引为 9 的元素	print(tuple6[9])	IndexError
访问索引为 1 到 4 的元素	print(tuple6[1:4])	(22, 33, 44)
访问索引为 3 到列表末尾的元素	print(tuple6[3:])	(44, 55, 66, 77)
访问列表开头到索引为 5 的元素	print(tuple6[:5])	(11, 22, 33, 44, 55)
访问索引为 1 到 7 且步长为 2 的元素	print(tuple6[1:7:2])	(22, 44, 66)
访问整个列表的全部元素	print(tuple6[:])	(11, 22, 33, 44, 55, 66, 77)
倒序访问所有元素	print(tuple6[::-1])	(77, 66, 55, 44, 33, 22, 11)

3. 列表和元组的对比

列表和元组都是 Python 中常用的序列类型，选择使用列表还是元组取决于具体的需求和使用场景。如果数据是固定不变的，元组可能更合适；如果数据需要频繁修改，列表则更方便。列表和元组的对比如表 5-4 所示。

表 5-4　列表和元组的对比

对比项目	列表	元组
可变性	列表是可变的，可以添加、删除、修改元素	元组是不可变的，创建后其元素不能被修改、添加或删除
创建方式	列表使用方括号"[]"	元组使用圆括号"()"
性能	—	数据量大时性能优于列表
用途	列表适用于需要频繁修改、添加或删除元素的场景，例如动态数据	元组常用于表示固定不变的数据，如坐标、常量集合等
存储方式	列表的存储空间可能会因为元素的添加和删除而动态调整	元组的存储空间在创建时就确定，不会改变
操作支持	列表支持更多的操作函数，如 append()、insert()、pop() 等	元组由于不可变，不支持修改操作的方法

5.3　集合

5.3.1　集合简介

集合（set）不仅可用于表示数及其运算，还可用于非数值信息的表示和处理。集合的定义为：一般把一些确定的、彼此不同的或具有共同性质的事物汇集成的一个整体，称为一个集合，组成集合的那些事物就称为集合的元素。在 Python 中，集合是一种无序且不包含重复元素的数据类型，即集合中的元素不会重复，集合中的元素没有特定的顺序，无法通过索引来访问元素。

在 Python 中集合经常应用于以下场景。

去重：快速去除列表或其他可迭代对象中的重复元素。

成员关系测试：判断一个元素是否在集合中，时间复杂度为 $O(1)$。

集合运算：解决涉及并集、交集、差集等的问题。

在 Python 中常用的集合运算有并运算、交运算、差运算和对称差运算，具体运算符、方法、功能如表 5-5 所示。

表 5-5　集合运算的具体运算符、方法、功能

集合运算	运算符	方法	功能
并运算	|	union()	返回一个包含两个集合中所有元素的新集合（即并集）
交运算	&	intersection()	返回一个包含两个集合中共同元素的新集合（即交集）
差运算	−	difference()	返回一个新集合（即差集），其中包含在第一个集合中但不在第二个集合中的元素

续表

集合运算	运算符	方法	功能
对称差运算	^	symmetric_difference()	返回一个新集合（即对称差集），其中包含只在其中一个集合中出现的元素

Python 中集合运算结果和数学中集合运算结果是一致的，如图 5-1 所示。

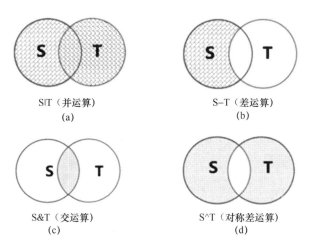

图 5-1　集合的 4 种运算

5.3.2　集合的操作

1. 创建集合

在 Python 中经常使用 {} 直接创建集合，也可以使用 set() 函数将其他可迭代对象（如列表、元组、字符串等）转换为集合。

例 5-20　使用 {} 创建集合 set1，将 11、22、33、44、55、66、77 作为元素放在集合内，并显示 set1 的内容和类型。

```
set1={11,22,33,44,55,66,77}
print(set1)
print(type(set1))
```

程序运行结果：

```
{33, 66, 22, 55, 11, 44, 77}
<class 'set'>
```

例 5-21　使用 set() 函数将列表 list7 转换为集合 set2，并显示 list7、set2 的内容和类型。

```
list7=[11,22,33,44,55,66,77,33,88]
set2=set(list7)
print(list7)
print(type(list7))
print(set2)
print(type(set2))
```

程序运行结果：

```
[11, 22, 33, 44, 55, 66, 77, 33, 88]
<class 'list'>
{33, 66, 11, 44, 77, 22, 55, 88}
<class 'set'>
```

2. 集合的基本操作

（1）添加集合元素

在 Python 中，向集合添加元素主要有两种常用函数，即 add()函数和 update()函数，add()函数用于向集合中添加一个元素，update()函数用于将一个可迭代对象（如列表、元组、集合、字符串等）中的元素添加到集合中。

① 使用 add()函数添加单个元素。

例 5-22　使用 add()函数添加单个元素 88 到集合 set1 中。

```
set1={11,22,33,44,55,66,77}
set1.add(88)
print(set1)
```

程序运行结果：

```
{33, 66, 22, 55, 88, 11, 44, 77}
```

② 使用 update()函数添加元素。

例 5-23　使用 update()函数将列表 list10 中的元素添加到集合 set1 中。

```
set1={11,22,33,44,55,66,77}
list10=[88,99,0]
set1.update(list10)
print(set1)
```

程序运行结果：

```
{0, 66, 11, 77, 22, 88, 33, 99, 44, 55}
```

（2）删除集合元素

在 Python 中，删除集合元素的常用函数有 remove()、discard()、pop()、clear()，remove()函数用于从集合中删除指定的元素，如果指定的元素不存在于集合中，会引发 KeyError 异常；discard()函数也用于从集合中删除指定的元素，如果元素不存在，不会引发异常，与 remove()函数相比，更加"宽容"，不会因为元素不存在而报错；pop()函数用于随机删除并返回集合中的一个元素，由于集合是无序的，所以删除的元素是不确定的，如果集合为空，会引发 KeyError 异常；clear()函数用于清空集合中的所有元素，直接将集合变为空集。

① 使用 remove()函数删除元素。

例 5-24　使用 remove()函数删除 set1 集合中单个元素 55。

```
set1={11,22,33,44,55,66,77}
set1.remove(55)
print(set1)
```

程序运行结果：

```
{33, 66, 22, 11, 44, 77}
```

② 使用 pop () 函数删除元素。

例 5-25 使用 pop () 函数随机删除 set1 中的一个元素,并将删除的元素放在变量 del_ele 中。

```
set1={11,22,33,44,55,66,77}
del_ele=set1.pop()
print(set1)
print(del_ele)
```

程序运行结果:

```
{66, 22, 55, 11, 44, 77}
33
```

③ 使用 clear () 函数删除元素。

例 5-26 使用 clear () 函数清空集合 set1,使 set1 变为空集。

```
set1={11,22,33,44,55,66,77}
set1.clear()
print(set1)
```

程序运行结果:

```
{}
```

5.4 字典

5.4.1 字典简介

在 Python 中,字典是一种无序的键值对数据结构。可以使用花括号"{}"来创建字典,并通过 key: value 的形式来定义键值对。键必须是唯一且不可变的数据类型,通常使用字符串、数字或元组。值可以是任何数据类型,包括列表、字典等。字典是无序的,即键值对的存储顺序不固定。例如,创建一个字典 stu1:

```
stu1= {"202305001212":"李平", "202305001345","张涛", "202305001478", "王程"}
```

在字典 stu1 中,学号就是键,从键可以找到相应的值,即姓名。stu1 字典可以视为二维结构的表格,如表 5-6 所示。

表 5-6 学生信息

学号	姓名
202305001212	李平
202305001345	张涛
202305001478	王程

Python 中的字典用于存储键值对映射关系。下面是 Python 字典的一些特点。

(1)键值对映射关系:字典中的元素是无序的,即元素的插入顺序和实际存储顺序不一定相同。字典中的键必须是唯一的,而值可以重复。如果两个键相同,后一个键会覆盖前一个键。

（2）可变性与动态性：可以在运行时向字典中添加、修改或删除键值对。字典的大小可以动态变化，不需要预先分配存储空间。

（3）键的不可变性：字典中的键必须是不可变类型，如字符串、数字或元组。列表或字典本身不能作为键，因为它们是可变类型。

（4）无序性与非序列性：字典中的元素没有特定的顺序，是无序集合。与列表和元组不同，字典不支持索引和切片操作。

（5）嵌套性与复杂性：字典中的值可以是另一个字典，允许多层嵌套。字典可以存储各种类型的对象作为值，包括列表、元组和其他字典。

（6）空间与时间效率：字典在存储上可能会浪费一些空间，但通过键快速检索值，提高了时间效率。字典的内部实现基于哈希表，这使得键值对的查找、插入和删除操作非常高效。

5.4.2　字典的操作

1. 创建字典

在 Python 中，创建字典有多种方法，常见的方法是使用{}直接创建以及使用 dict()函数创建。

例 5-27　使用{}直接创建字典。

```
stu1= {"202305001212":"李平", "202305001345":"张涛","202305001478":"王程"}
print(stu1)
print(type(stu1))
```

程序运行结果：

```
{'202305001212':'李平', '202305001345': '张涛','202305001478':'王程'}
<class 'dict'>
```

例 5-28　使用 dict()函数从包含元组的列表 list_of_tuple 创建字典。

```
list_of_tuple=[("202305001212","李平"),("202305001345","张涛"),("202305001478","王程")]
stu2=dict(list_of_tuple)
print(list_of_tuple)
print(type(list_of_tuple))
print(stu2)
print(type(stu2))
```

程序运行结果：

```
[('202305001212', '李平'), ('202305001345', '张涛'), ('202305001478', '王程')]
<class 'list'>
{'202305001212': '李平', '202305001345': '张涛', '202305001478': '王程'}
<class 'dict'>
```

2. 访问字典中的值

在 Python 中，访问字典中的值有多种方法，包括通过方括号指定键、使用 get()函数、遍历字典、根据条件访问字典中的值等。

（1）通过方括号指定键

> **例 5-29**　通过方括号指定键来访问字典中的值。
>
> stu1= {"202305001212":"李平", "202305001345":"张涛","202305001478":"王程"}
> print(stu1 ["202305001345"])
>
> 程序运行结果：
>
> 张涛

（2）使用 get()函数

> **例 5-30**　使用 get()函数访问字典中的值。
>
> stu1= {"202305001212":"李平", "202305001345":"张涛","202305001478":"王程"}
> print(stu1.get("202305001345"))
>
> 程序运行结果：
>
> 张涛

（3）遍历字典

对字典进行遍历时，可以通过遍历键来获取对应的值，也可以同时遍历键和值。

> **例 5-31**　遍历字典中的键来获取对应的值。
>
> stu1= {"202305001212":"李平", "202305001345":"张涛","202305001478":"王程"}
> for key in stu1:
> 　　print(stu1 [key])
>
> 程序运行结果：
>
> 李平
> 张涛
> 王程

> **例 5-32**　遍历字典中的键值对。
>
> stu1= {"202305001212":"李平", "202305001345":"张涛","202305001478":"王程"}
> for key,value in stu1.items():
> 　　print(key,value)
>
> 程序运行结果：
>
> 202305001212 李平
> 202305001345 张涛
> 202305001478 王程

（4）根据条件访问字典中的值

> **例 5-33**　根据条件访问字典中的值。
>
> stu1= {"202305001212":"李平", "202305001345":"张涛","202305001478":"王程"}
> if "202305001478" in stu1:
> 　　print(stu1 ["202305001478"])
>
> 程序运行结果：
>
> 王程

（5）获取所有键或值

例 5-34　获取所有键或值。

```
stu1 = {"202305001212":"李平", "202305001345":"张涛","202305001478":"王程"}
keys =stu1.keys()
values = stu1.values()
items = stu1.items()
print(keys)
print(values)
print(items)
```

程序运行结果：

```
dict_keys(['202305001212', '202305001345', '202305001478'])
dict_values(['李平', '张涛', '王程'])
dict_items([('202305001212', '李平'), ('202305001345', '张涛'), ('202305001478', '王程')])
```

3. 添加或更新键值对

在 Python 中，添加或更新字典中的键值对可以通过直接赋值、update()函数来实现。直接赋值时，如果键不存在，将添加一个新的键值对；如果键已存在，将更新该键对应的值。

（1）添加键值对

例 5-35　添加键值对。

```
stu1 = {"202305001212":"李平", "202305001345":"张涛","202305001478":"王程"}
stu1["202305001488"]="王成"
print(stu1)
```

程序运行结果：

```
{'202305001212': '李平','202305001345':'张涛','202305001478':'王程', '202305001488':'王成'}
```

（2）更新键值对

例 5-36　更新键值对。

```
stu1 = {"202305001212":"李平", "202305001345":"张涛","202305001478":"王程"}
stu1["202305001478"]="王成"
print(stu1)
```

程序运行结果：

```
{'202305001212': '李平','202305001345':'张涛','202305001478':'王成'}
```

使用update()函数可以一次性添加或更新多个键值对。

例 5-37　使用update()函数一次性添加或更新多个键值对。

```
stu1 = {"202305001212":"李平", "202305001345":"张涛","202305001478":"王程"}
stu1.update({"202305001212": "李小平","202405001478":"王程","202405001488":"王成"})
print(stu1)
```

程序运行结果：

```
{'202305001212': '李小平', '202305001345': '张涛', '202305001478': '王程', '202405001478': '王程', '202405001488': '王成'}
```

4. 删除键值对

在 Python 中，删除字典中的键值对常见的方法有 del 语句、pop()函数、popitem()函数、

clear()函数。其中，del 语句用于根据指定键删除键值对，如果指定的键不存在，会引发 KeyError 异常；pop()函数用于删除指定的键值对，并返回被删除的值，如果键不存在，并且提供了默认值，将返回默认值，如果没有提供默认值，会引发 KeyError 异常；popitem()函数用于随机删除并以元组形式返回一个键值对，如果字典为空，会引发 KeyError 异常；clear()函数用于清空字典中的所有键值对，使用后字典将变为一个空字典，但其本身仍然存在，只是不再包含任何键值对。

（1）del 语句

例 5-38　使用 del 语句删除 stu1 字典中键为"202305001345"的键值对。

```
stu1= {"202305001212":"李平", "202305001345":"张涛","202305001478":"王程"}
del  stu1["202305001345"]
print(stu1)
```

程序运行结果：

```
{'202305001212': '李平', '202305001478': '王程'}
```

（2）pop()函数

例 5-39　使用 pop()函数删除 stu1 字典中键为"202305001345"的键值对，并将删除的值放在变量 del_val1 中。

```
stu1= {"202305001212":"李平", "202305001345":"张涛","202305001478":"王程"}
del_val1=stu1.pop("202305001345")
print(stu1)
print(del_val1)
```

程序运行结果：

```
{'202305001212': '李平', '202305001478': '王程'}
张涛
```

（3）popitem()函数

例 5-40　使用 popitem()函数随机删除一个键值对，并将删除的键值对放在变量 del_val2 中。

```
stu1= {"202305001212":"李平", "202305001345":"张涛","202305001478":"王程"}
del_val2=stu1.popitem()
print(stu1)
print(del_val2)
print(type(del_val2))
```

程序运行结果：

```
{'202305001212': '李平', '202305001345': '张涛'}
('202305001478', '王程')
<class 'tuple'>
```

（4）clear()函数

例 5-41　使用 clear()函数清空字典 stu1，使 stu1 变为空字典。

```
stu1= {"202305001212":"李平", "202305001345":"张涛","202305001478":"王程"}
stu1.clear()
print(stu1)
```

程序运行结果：

```
{}
```

5.5　jieba 库的使用

jieba 是一个优秀的中文文本分词第三方库。由于中文文本之间每个汉字都是连续书写的，我们需要通过特定的手段来获得其中的每个词组，这种方式叫作分词，可以通过 jieba 库来完成这个操作。英文文本分词使用 split() 函数完成。

5.5.1　英文文本分词

英文文本分词使用 split() 函数完成，可以将字符串按照某个特定的分隔符拆分成多个部分。split() 函数的返回值是一个列表，包含被分割的子字符串。

split() 函数的语法格式如下：

```
str.split([sep [,maxsplit]])
```

参数说明如下。

- str：要分割的字符串。
- sep：分隔符，如果没有指定，则默认以空格作为分隔符。
- maxsplit：最大分割次数，如果指定，则将字符串分割成最多 maxsplit 个字符串，否则将全部分割。

> **例 5-42**　split() 函数示例。
>
> ```
> strs = 'to be or not to be'
> print(strs.split())
> print(strs.split('b'))
> ```
>
> 程序运行结果：
>
> ```
> ['to', 'be', 'or', 'not', 'to', 'be']
> ['to ', 'e or not to ', 'e']
> ```

5.5.2　中文文本分词

中文文本分词使用 jieba 库完成。如果没有安装 jieba 库，可在命令提示符下使用 pip install jieba 命令安装 jieba 库。jieba 库函数如表 5-7 所示。

表 5-7　jieba 库函数

函数	说明
jieba.cut(s)	精确模式，返回一个可迭代的数据类型
jieba.cut(s, cut_all=True)	全模式，返回文本 s 中所有可能的单词
jieba.cut_for_search(s)	搜索引擎模式，适合搜索引擎建立索引的分词结果
jieba.lcut(s)	精确模式，返回一个列表类型，建议使用
jieba.lcut(s, cut_all=True)	全模式，返回一个列表类型，建议使用
jieba.lcut_for_search(s)	搜索引擎模式，返回一个列表类型，建议使用
jieba.add_word(w)	向分词词典中增加新词 w

精确模式：将句子精确地切开，适合文本分析。

全模式：把句子中所有的可以成词的词语扫描出来，速度非常快，但是不能解决歧义问题。

搜索引擎模式：在精确模式的基础上，对长词再次切分，提高召回率，适用于搜索引擎分词。

例 5-43　jieba.lcut() 的精确模式示例。

```
import jieba
strs='不知细叶谁裁出，二月春风似剪刀'
print(jieba.lcut(strs))
```

程序运行结果：

```
['不知', '细叶', '谁', '裁出', '，', '二月', '春风', '似', '剪刀']
```

例 5-44　jieba.lcut() 的全模式示例。

```
import jieba
strs='不知细叶谁裁出，二月春风似剪刀'
print(jieba.lcut(strs, cut_all=True))
```

程序运行结果：

```
['不知', '细叶', '谁', '裁', '出', '，', '二月', '春风', '似', '剪刀']
```

5.6　wordcloud 库的使用

wordcloud 又称词云，是一种可视化描绘单词或词语出现在文本数据中频率的方式，它主要由随机分布在词云图的单词或词语构成，出现频率较高的单词或词语会以较大的字体呈现，而出现频率较低的单词或词语则会以较小的字体呈现。词云主要提供了一种观察社交媒体网站上的热门话题或搜索关键词的方式，它可以对网络文本中出现频率较高的关键词予以视觉上的突出显示。

wordcloud 库是一款 Python 的第三方库，如果没有安装 wordcloud 库，可在命令提示符下使用 pip install wordcloud 命令安装 wordcloud 库。wordcloud 库常用函数及 WordCloud 对象配置参数如表 5-8、表 5-9 所示。

表 5-8　wordcloud 库常用函数

函数	说明
wordcloud.WordCloud()	根据参数生成一个 WordCloud 对象
w.generate()	向对象 w 中加载文本
w.to_file()	将词云图存储为图像文件（.png 或 .jpg 格式）

表 5-9　WordCloud 对象配置参数

参数	说明
font_path: string	字体路径
width: int(default = 400)	输出的画布宽度，默认为 400 像素
height: int(default = 200)	输出的画布高度，默认为 200 像素

续表

参数	说明
mask: nd-array or None(default = None)	如果 mask 为空，则使用二维遮罩绘制词云图；如果 mask 非空，设置的宽高值将被忽略，遮罩形状被 mask 取代。除全白（#FFFFFF）的部分不会绘制，其余部分均用于绘制词云图
background_color: color value(default = "black")	背景颜色

思维导图

本章思维导图如图 5-2 所示。

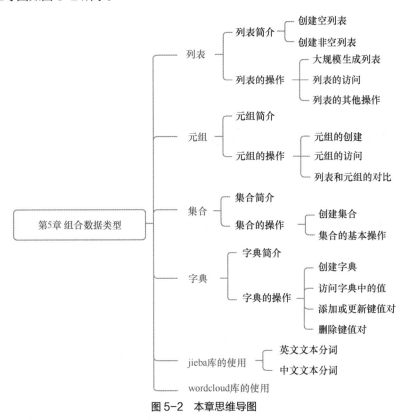

图 5-2　本章思维导图

课后习题

一、选择题

1. 以下代码的输出结果是（　　）。

```
ls=["2020", "1903", "Python"]
ls. append (2050)
ls. append ([2020, "2020"])
print (ls)
```

A．['2020','1903','Python',2020,[2050,'2020']]

B．['2020','1903','Python',2020]

C．['2020','1903','Python',2050,[2050,'2020']]

D．['2020','1903','Python',2050,['2020']]

2．以下代码的输出结果是（　　）。

```
s=["seashell", "gold", "pink", "brown", "purple", "tomato"]
print(s[4:])
```

A．['purple', 'tomato']

B．['purple']

C．['seashell', 'gold', 'pink', 'brown']

D．['gold', 'pink', 'brown', 'purple', 'tomato']

3．s='1234567890'，以下表示'1234'的是（　　）。

A．s[1:5]　　　　B．s[0:3]　　　　C．s[-10:-5]　　　　D．s[0:4]

4．以下代码的输出结果是（　　）。

```
d={"大海":"蓝色", "天空":"灰色", "大地":"黑色"}
print(d["大地"], d.get("天空", "黄色"))
```

A．黑色　黑色　　B．黑色　灰色　　C．黑色　黄色　　D．黑色　蓝色

5．以下代码的输出结果是（　　）。

```
ls=list(range(1, 4))
print(ls)
```

A．[0, 1, 2, 3]　　B．{0, 1, 2, 3}　　C．[1, 2, 3]　　D．{1, 2, 3}

6．Python 中，以下关于集合的描述错误的是（　　）。

A．无法删除集合中指定位置的元素，只能删除特定值的元素

B．Python 集合中的元素不允许重复

C．Python 集合是无序的

D．Python 集合可以包含相同的元素

二、判断题

1．Python 字典和集合都是无序的容器。（　　）

2．运算符"-"可以用于集合的差运算（　　）

3．Python 中的列表是不可变的。（　　）

4．Python 中的元组是不可变的。（　　）

5．一个列表可以是另一个列表的元素。（　　）

6．字典的元素可以通过键来访问，也可以通过位置来访问。（　　）

7．Python 字典中的键不允许重复。（　　）

8．列表的元素可以是任何类型的对象。（　　）

9．字典直接输出的顺序与创建之初的顺序可能不同。（　　）

三、填空题

1．对于列表 ls 的操作 ls.append(x) 的作用是_____。

2．列表变量 ls 共包含 10 个元素，ls 索引的取值范围是_____。

3．如果没有安装 jieba 库，可在命令提示符下使用_____命令安装。

4．使用 jieba 库中 lcut()函数的全模式拆分中文字符串 strs 的语句是_____。

5．ls=[3.5,"Python", [10, "PYTHON"], 3.6]，ls[2] [-1] [1]的结果是_____。

四、简答题

1．Python 的组合数据类型分为哪 3 类？

2．Python 中添加列表中的元素有哪几种函数？

3．元组和列表的差异是什么？

4．在 Python 中字典如何定义？

章节实训

一、实训内容

超市购物小票打印功能程序设计。

二、实训目标

用 Python 编写一个简单的具有打印超市购物小票功能的程序，通过函数处理商品名称、数量、单价，计算购物小票的总金额，包括货币格式化和显示欢迎/感谢信息，得到如图 5-3 样式的购物小票。

```
                    欢迎光临超市！
----------------------------------------------------
商品名称        数量           单价           小计

苹果             2           ¥ 4.50        ¥ 9.00
香蕉             4           ¥ 3.20        ¥ 12.80
橘子             3           ¥ 4.60        ¥ 13.80
----------------------------------------------------
总计：   ¥ 35.60
----------------------------------------------------
            谢谢惠顾，欢迎下次光临！
```

图 5-3　超市购物小票

三、实训思路

（1）创建一个函数，用于计算购物小票的总金额。该函数接收一个包含商品名称、数量和单价的列表作为参数。在计算总金额时，遍历列表中的每个商品，将商品的单价乘以数量（即得到小计），并将结果累加到总金额中。

（2）创建一个函数，用于格式化货币输出。该函数接收一个浮点数作为参数，并返回一个格式化后的字符串，例如"¥12.34"。

（3）创建一个主函数，用于显示欢迎信息、购物清单和小票总金额，以及感谢信息。在主函数中，首先显示欢迎信息，然后调用计算总金额的函数，并将结果传递给格式化货币的函数进行格式化输出，最后显示感谢信息。

第 **6** 章
Python 文件操作

学习目标

理解计算机中文件、文件夹及路径的概念；理解在 Python 中文本文件和二进制文件的区别；掌握 Python 标准库中实现打开（创建）、读写和关闭文件与 CSV 文件的方法；掌握 os 标准库中操作文件夹的方法。

本章导读

运行程序时，我们常用变量来保存数据。程序结束后，变量里的数据会被释放，如果希望程序结束后仍然能够使用数据，就需要用文件来保存数据。因为文件是独立存储在外存储器上的数据序列，可以灵活、反复地使用。

在 Python 中对文件的操作，不同的库有不同的命令，本章主要介绍 Python 标准库中常用的文件操作命令，其他不同的库或模块对文件进行操作的命令将会在后续使用到的章节中再做相应介绍。

6.1 Python 文件概述

计算机中的文件是用于存储和组织数据的一种数据存储单元，其可以包含文本、图像、音频、视频等各种类型的数据。

对文件进行操作时，我们需要知道文件在计算机上的存储位置，即文件路径。文件路径由盘符、文件夹名和文件名组成。

文件有以下两种路径。

绝对路径：从磁盘的根目录开始定位，直到文件所在的对应位置为止的完整路径。

相对路径：从当前工作目录开始定位，直到文件所在的对应位置为止的部分路径。

在对文件进行操作时，要根据具体情况来选择使用哪一种文件路径。

在 Python 中，文件主要分为文本文件和二进制文件。文本文件是由有编码的字符组成的，扩展名为.txt、.csv、.xlsx 等的文件是文本文件。二进制文件是由 0 和 1 组成的，扩展名为.jpg、.wav 等的文件是二进制文件。

6.2 文件操作

在 Python 中对文件都是采用先打开文件，然后对文件进行其他操作，最后关闭文件的操作流程。

在 Python 中，文件是一种类型对象，类似前面已经学习过的列表等类型，也是采用<对象>.<函数或方法>的方式进行操作的。

6.2.1 文件的基本操作

1. 打开（创建）文件

在 Python 中，打开（创建）文件使用的是 open()函数。其基本语法格式如下：

`<fileobj>=open(<filename>[, <accessmode>] [, encoding=<encodemode>], …)`

功能：打开/创建（当文件不存在时）一个文件，并返回给文件对象 fileobj。

参数说明如下。

- filename：文件名称，可以写绝对路径，也可以写相对路径，为必选参数。
- accessmode：文件的访问模式，为可选参数，默认为只读（r）。常见的文件访问模式如表 6-1 所示。
- encoding：文件中字符的编码方式，为可选参数，默认为 None。其中 encodemode 的值根据文件中的具体编码方式取"GBK""GB2312""UTF-8"等。

表 6-1 常见的文件访问模式

访问模式	说明
r	只读模式，如果文件不存在，就引发 FileNoundError 异常，为默认值
w	覆盖写模式，如果文件不存在则创建，存在则完全覆盖
x	创建写模式，如果文件不存在则创建，存在则引发 FileExistsError 异常
a	追加写模式，如果文件不存在则创建，存在则在文件末尾追加内容
t	文本文件模式，与r/w/x/a 组合使用，为默认值
b	二进制文件模式，与r/w/x/a 组合使用
+	同时读写模式，与r/w/x/a 组合使用

例 6-1 用 open()函数在"d:\pyfile"文件夹中创建名为"dt1.txt"的文本文件。

```
path ="d:\pyfile\dt1.txt"
fn = open(path, "w")
print(fn.name)
fn.close()
```
程序运行结果：
```
d:\pyfile\dt1.txt
```

程序运行后我们可以到"d:\pyfile"文件夹下查看，可以发现在"d:\pyfile"文件夹中原来没有"dt1.txt"文件，通过 open()函数中 w 访问模式创建了一个名为"dt1.txt"的文件。

2. 关闭文件

（1）使用 close() 函数关闭已打开的文件

文件使用结束后可以用 close() 函数关闭，其基本语法格式如下：

```
<fileobj>.close()
```

例如例 6-1 中，代码的最后一行就使用 fn.close() 函数关闭了已打开的文件。

当我们使用 close() 函数来关闭文件时，如果程序存在错误，会导致 close() 函数不执行，文件将不会关闭，这样没有妥善地关闭文件可能会导致数据丢失或受损。而有时，如果在程序中过早地调用 close() 函数，当需要使用文件时无法访问，这也会导致更多的错误。所以，并非在任何情况下都能轻松确定关闭文件的恰当时机。我们可以使用上下文管理器来解决以上问题。

（2）使用上下文管理器关闭已打开的文件

上下文管理器用于规定某个对象的使用范围。一旦进入或者离开该使用范围，则会有特殊操作被调用。对于文件操作来说，我们需要在读写结束时关闭文件，而上下文管理器可以在不需要文件的时候，自动关闭文件。其基本语法格式如下：

```
with open(<filename>) as <fileobj>:
    <语句块>
```

通过使用上面所示的结构，我们只需打开文件，并在需要时使用它，Python 会在合适的时候自动将其关闭。

对于例 6-1 中创建的文件，我们可以使用上下文管理器来操作。

例 6-2　使用上下文管理器打开 "dt1.txt" 文件。

```
path ="d:\pyfile\dt1.txt"
with open(path, "r") as fn:
    print(fn.name)
print(fn.closed)
```

程序运行结果：

```
d:\pyfile\dt1.txt
True
```

上下文管理器通过缩进来体现文件对象的打开范围。其有属于它的语句块，当语句块执行结束时，也就是语句不再缩进时，上下文管理器就会自动关闭文件。在程序最后，我们调用了 "fn.closed" 属性来验证文件是否已经关闭。

在本章后面的示例中，我们都使用上下文管理器来操作文件。

3. 写入文件内容

Python 提供了两个与文件内容写入有关的方法，具体写入方法如表 6-2 所示。

表 6-2　文件内容的写入方法

写入方法	说明
<fileobj>.write(s)	将一个字符串或字节流写入文件
<fileobj>.writelines(strsequence)	将字符串序列对象写入文件

要在打开的文件中写入内容，打开文件时就要选用和写有关的访问模式，例 6-3 中使用的是可同时读写的 w+ 模式。

例 6-3 在已经创建好的"d:\pyfile\dt1.txt"文件中写入一些放在列表中的文本,并输出这些文本。

```
with open ("d:\pyfile\dt1.txt", "w+") as fn:
    ls = ["祖国", "中国", "家乡", "昆明"]
    fn. writelines (ls)
    for line in fn:
        print (line)
```

可以看到,程序并没有输出任何文本。但打开"d:\pyfile"文件夹下的"dt1.txt"文件,可以看到其中已经写入了以下文本:

祖国中国家乡昆明

列表 ls 中的文本已经被写入文件,但为何第 4 行和第 5 行代码没有将这些内容输出呢?

4. 移动读写指针

例 6-3 中的问题是因为文件写入内容后,当前文件读写指针在写入内容的后面,第 4 行和第 5 行代码从当前指针开始向后读取并输出内容,被写入的内容却在读写指针的前面,所以未能被输出。因此,我们需要使用 seek () 函数,其基本语法格式如下:

```
<fileobj>. seek (<offset> [, <whence>])
```

功能:把文件对象 fileobj 的读写指针从 whence 处偏移 offset 个位置。

参数说明如下。

- offset:从 whence 参数位置开始的偏移量,也就是需要移动的字节数,可以为正数、负数或零,分别表示从当前位置向后移动、向前移动或保持不变。

- whence:为可选参数,默认值为 0。该参数用于给 offset 参数一个定位,表示要从哪个位置开始偏移:0 代表文件开头,1 代表当前位置,2 代表文件末尾。

在例 6-3 中,我们在写入文件后增加一行代码 fn. seek (0) 将文件读写指针返回到文件开头的位置,就可正确输出写入的内容了。

例 6-4 使用 seek () 函数移动文件读写指针到文件开头的位置。

```
with open ("d:\pyfile\dt1.txt", "w+") as fn:
    ls = ["祖国", "中国", "家乡", "昆明"]
    fn. writelines (ls)
    fn. seek (0)
    for line in fn:
        print (line)
```

程序运行结果:

祖国中国家乡昆明

从运行结果中可以发现 writelines () 函数只是将列表内容直接排列写入,并没有将每个元素分开。那么如何实现每个元素分开或换行写入呢?大家还记得转义字符"\t"和"\n"的作用吗?我们将在例 6-5 中使用转义字符来解决该问题。

例 6-5 加入分隔符和换行符,使每个元素分开或换行写入。

```
with open ("d:\pyfile\dt1.txt", "w+") as fn:
    ls = ["祖国\t", "中国\n", "家乡\t", "昆明\n"]
    fn. writelines (ls)
    fn. seek (0)
```

```
    for line in fn:
print(line)
```

程序运行结果:

祖国　　中国

家乡　　昆明

5. 读取文件内容

Python 提供了 3 个常用的文件内容读取方法,如表 6-3 所示。

表 6-3　常用的文件内容读取方法

读取方法	说明
<fileobj>.read(size)	从文件中读出整个文件内容,如果给出参数,则读出前 size 长度的字符串或字节流
<fileobj>.readline(size)	从文件中读出一行内容,如果给出参数,则读出该行前 size 长度的字符串或字节流
<fileobj>.readlines(size)	从文件中读出所有行,以每行为元素形成一个列表,如果给出参数,则读出前 size 行

要对打开的文件进行读取操作,在打开文件时需要注意两个问题:第一,要选用和读有关的访问模式;第二,要注意文件是文本文件还是二进制文件。如果是文本文件,就要注意文件的编码方式,默认采用当前计算机使用的编码,按照字符串方式读取文件内容;如果是其他编码方式,在打开时就要选择相应的编码方式(通过 open()函数中的 encoding 参数指明),否则输出的数据将会是乱码。如果是二进制文件,就要以二进制文件方式打开(访问模式是 b),按照字节流方式读取文件内容。本章均以文本文件为例,二进制文件的读取将作为章节实训,请读者自行完成。

例 6-6　用户输入文件路径,以文本文件方式将文件打开,分别以 read()、readline()和 readlines()函数读取文件内容并输出。

```
fname = input("请输入要打开的文件: ")
with open(fname, "r") as fn:
    str=fn.read()
    print(str)
    fn.seek(0)
    line1=fn.readline()
    print(line1)
    fn.seek(0)
    line2=fn.readlines()
    print(line2)
```

程序运行结果:

请输入要打开的文件:　d:\pyfile\dt1.txt

祖国　　中国
家乡　　昆明

祖国　　中国

['祖国\t中国\n', '家乡\t昆明\n']

请读者自行分析并理解运行结果。

6.2.2 CSV 文件的操作

CSV（Comma-Separated Values）是逗号分隔值的缩写，也称为字符分隔值，因为分隔数据的字符不仅可以是逗号，也可以是制表符、空格等其他字符。

以 CSV 格式存储的文件被称为 CSV 文件，这类文件采用.csv 作为扩展名，是一种常见的用于存储表格数据的纯文本文件。CSV 是一种通用的、相对简单的文件格式，被广泛用于各种数据处理和分析场景中。

Python 的标准库和第三方库中都有操作 CSV 文件的方法，本节只介绍 csv 标准库中的常用方法。

1. 创建或打开 CSV 文件

在 Python 中创建或打开 CSV 文件的方法有很多，这里我们使用 6.2.1 节介绍过的 open()函数就可以了。

> **例 6-7** 在"d:\pyfile"文件夹下创建一个名为"dt2.csv"的文件。
>
> ```
> cf=open("d:\pyfile\dt2.csv","w",newline="")
> ```

代码运行结果是在"d:\pyfile"文件夹下创建一个空的新文件"dt2.csv"。

在 open()函数中出现了新的参数"newline=""",这是为了避免在 CSV 文件写入内容时每行后面产生不必要的空行。

2. 将内容写入 CSV 文件

创建 CSV 文件后，就可以用 csv 标准库中的 writer()函数在该文件中写入内容，其基本语法格式如下：

```
<writerobj>=csv.writer(<fileobj>)
```

功能：在打开的 CSV 文件对象 fileobj 中写入内容，并返回一个 writer 对象 writerobj。

writer()函数提供了 writerow 方法和 writerows 方法，可以用来在打开的文件中写入用逗号分隔的内容。CSV 文件内容的写入方法如表 6-4 所示。

表 6-4 CSV 文件内容的写入方法

写入方法	说明
<writerobj>.writerow(iterable)	一行一行地写入
<writerobj>.writerows(iterable of iterables)	一次写入多行

下面使用 write()函数的两种写入方法在例 6-7 中创建好的 dt2.csv 文件中写入内容。

> **例 6-8** 使用 writer()函数中的两种写入方法在"d:\pyfile\dt2.csv"文件中分别写入以下内容：
>
> ```
> 20241001,张三,男,20
> 20241002,李四,女,19
> 20242001,王五,男,19
> 20242002,赵六,女,20
> 20242003,杨七,女,18
> import csv
> with open("d:\pyfile\dt2.csv","w",newline="") as cf:
> ```

```
    wr=csv.writer(cf)
    wr.writerow(["20241001","张三","男",20])
    wr.writerow(["20241002","李四","女",19])
    wlist=[["20242001","王五","男",19],\
          ["20242002","赵六","女",20],\
          ["20242003","杨七","女",18]]
    wr.writerows(wlist)
```

用记事本打开"d:\pyfile\dt2.csv",可以看到文件中的内容已经存在了,如图 6-1 所示。

通过例 6-8 可以看到,在 CSV 文件中写入内容,可以一行一行地写入(程序中的第 4 行、第 5 行),也可以以序列的形式(该程序是列表)一次性写入(程序中的第 6 行、第 7 行、第 8 行)。

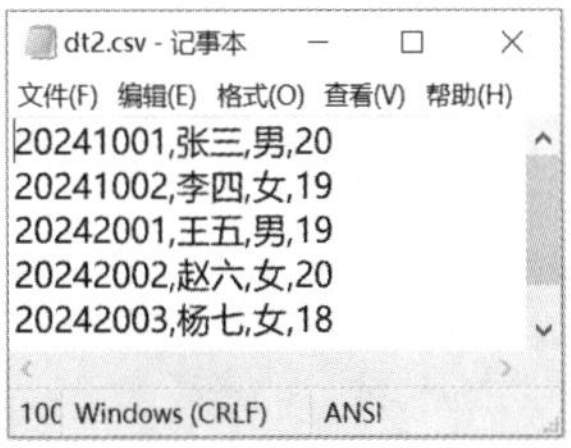

3. 从 CSV 文件中读取内容

图 6-1　写入内容的 dt2.csv 文件

读取 CSV 文件中的内容可以使用 csv.reader() 函数,其基本语法格式如下:

```
<readerobj>=csv.reader(<fileobj>)
```

功能:在已打开的 CSV 文件对象 fileobj 中读取内容,并返回一个 readerobj 对象。

例 6-9　读取"d:\pyfile\dt2.csv"文件中的内容,并输出。

```
import csv
with open("d:\pyfile\dt2.csv","r",newline="") as cf:
    rd=csv.reader(cf)
    for row in rd:
        print(row)
```

程序运行结果如图 6-2 所示。

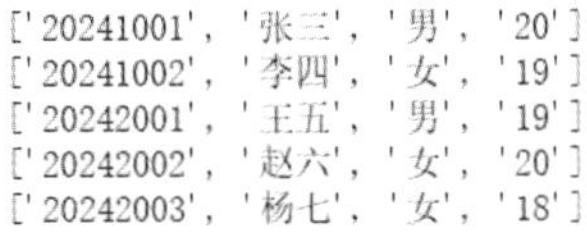

```
['20241001', '张三', '男', '20']
['20241002', '李四', '女', '19']
['20242001', '王五', '男', '19']
['20242002', '赵六', '女', '20']
['20242003', '杨七', '女', '18']
```

图 6-2　例 6-9 程序运行结果

6.3　Python 文件夹的操作

文件夹是管理文件的一种方式,将有关联的多个文件放置在一个文件夹中,可以方便以后对文件进行查找、复制、删除等各种管理操作。

在 Python 中对文件夹操作的库主要是 os 标准库,该库中有对文件夹进行创建、进入(改变)、删除等基本操作的方法。

首先需要导入 os 标准库,然后运行其他代码。导入 os 标准库的代码如下:

```
import os
```

6.3.1　创建文件夹

创建文件夹使用 mkdir() 函数,其基本语法格式如下:

```
os.mkdir(<foldername>)
```

功能：创建一个文件夹，并用参数 foldername 指明文件夹的名称。

例 6-10　在 D 盘下创建一个名为"folder1"的文件夹。

```
import os
os.mkdir('d:\\folder1')
```

查看文件夹是否创建成功有多种方法：①打开计算机的 D 盘查看是否出现"folder1"文件夹；②使用 6.3.2 节介绍的"判断文件夹是否存在"的方法；③使用 6.3.5 节介绍的"获取文件或文件夹名称列表"的方法。

> **注意**
>
> 如果创建的文件夹已经存在，重复创建就会报错（即上述创建文件夹的代码如果成功执行，再次运行就会报错）。因此在创建文件夹时，最好先判断在该目录下是否存在同名的文件夹。

6.3.2　判断文件夹是否存在

判断文件夹是否存在使用 path.isdir() 函数，其基本语法格式如下：

```
os.path.isdir(<foldername>)
```

功能：判断名为 foldername 的文件夹是否存在。

例 6-11　判断例 6-10 中创建的文件夹是否存在。

```
import os
print(os.path.isdir('d:\\folder1'))
```

程序运行结果：

```
True
```

从运行结果中可以发现，该文件夹名存在，说明例 6-10 中文件夹的创建是成功的。

6.3.3　重命名文件夹

想要更改文件夹的名字，可以使用重命名文件夹的 rename() 函数，其基本语法格式如下：

```
os.rename(<old_foldername>, <new_foldername>)
```

功能：把旧名称为 old_foldername 的文件夹改名为 new_foldername。

例 6-12　把例 6-10 中创建的文件夹重命名为"folder2"，并判断文件夹改名是否成功。

```
import os
os.rename('d:\\folder1', 'd:\\folder2')
print(os.path.isdir('d:\\folder1'))
print(os.path.isdir('d:\\folder2'))
```

程序运行结果：

```
False
True
```

从运行结果中可以发现，原文件夹名已经不存在了，而新文件夹名存在，说明该文件夹改名成功。

6.3.4　改变文件夹

如果想进入某文件夹中进行下一步的操作（如创建子文件夹、读取文件等），可以使用 chdir() 函数，该函数使某文件夹成为当前文件夹（其后的操作就可以使用相对路径，这样能简化后续代码），其基本语法格式如下：

```
os.chdir(<foldername>)
```

功能：使文件夹名为 foldername 中定义的文件夹成为当前文件夹。

例 6-13　使文件夹"folder2"成为当前文件夹，并在其中创建一个名为"subfolder"的子文件夹，判断是否创建成功。

```
import os
os.chdir('d:\\folder2')
os.mkdir('subfolder')                    #相对路径，在当前文件夹中创建新文件夹
print(os.path.isdir('subfolder'))              #用相对路径判断
print(os.path.isdir('d:\\folder2\subfolder'))      #用绝对路径判断
```

程序运行结果：

```
True
True
```

从运行结果中可以发现，在当前文件夹下创建的子文件夹存在，指定路径的同名子文件夹也存在，说明当前文件夹就是指定的文件夹，即刚才对文件夹的改变已经成功。

6.3.5　获取文件及文件夹名称列表

如果想查看某路径下已经存在的文件或文件夹有哪些，可以使用 listdir() 函数，其基本语法格式如下：

```
os.listdir([<folder_path>])
```

功能：返回指定的路径 folder_path 中包含的文件或文件夹的名称列表。

例 6-14　查看当前文件夹"d:\\folder2"中有哪些文件或文件夹。

```
import os
print(os.listdir('d:\\folder2'))
```

或

```
import os
os.chdir('d:\\folder2')
print(os.listdir('.'))                 #查看当前路径中包含的文件及文件夹
```

或

```
import os
os.chdir('d:\\folder2')
print(os.listdir())                 #功能同上
```

程序运行结果：

```
['subfolder']
```

程序运行结果说明在当前文件夹"d:\\folder2"下只有例 6-13 中创建的子文件夹"subfolder"。

例 6-15 查看当前文件夹"d:\\folder2"的上级文件夹中有哪些文件或文件夹。

```
import os
os.chdir('d:\\folder2')
print(os.listdir('..'))            #查看当前文件夹的上一级文件夹中的内容
```

程序运行结果在每台计算机上的显示是不一样的。

例 6-16 查看 C 盘中有哪些文件或文件夹。

```
import os
print(os.listdir('c:'))
```

程序运行结果在每台计算机上的显示也是不一样的。

6.3.6 获取绝对路径

如果想查看当前的绝对路径,可以使用 path.abspath()函数,其基本语法格式如下:

```
os.path.abspath(<folder_path>)
```

功能:返回当前文件夹的绝对路径。

例 6-17 查看进入"subfolder"文件夹后的绝对路径。

```
import os
os.chdir('subfolder')
#在.py 程序中要换成 os.chdir('d:\\folder2\\subfolder')
print(os.path.abspath('.'))
```

程序运行结果:

```
d:\folder2\subfolder
```

程序运行结果显示了当前的绝对路径是"d:\folder2\subfolder"。

6.3.7 删除文件夹

如果要删除已经存在的文件夹,可以使用 rmdir()函数,其基本语法格式如下:

```
os.rmdir(<empty_foldername>)
```

功能:删除指定路径的空文件夹。仅当这个文件夹是空的才可以,否则无法删除(提示文件夹不为空)。

例 6-18 删除"folder2"文件夹中的"subfolder"子文件夹。

```
import os                          #非.py 程序下运行可省略该行代码
os.chdir('d:\\folder2\\subfolder')
os.chdir('..')                     #返回上级文件夹
os.rmdir('subfolder')
os.listdir('.')
```

程序运行结果:

```
[]
```

交互式下程序运行结果是一个空列表(在 IDLE 环境下以文件的形式运行结果为空),表示"folder2"文件夹下的文件或文件夹名称列表为空,说明"subfolder"文件夹已经被删除了。

思维导图

本章思维导图如图 6-3 所示。

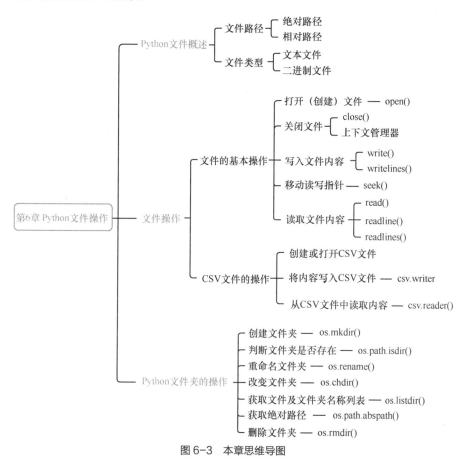

图 6-3　本章思维导图

课后习题

一、选择题

1. 在 Python 的 open() 函数中，（　　）是用于读取文件的访问模式。

   A. r　　　　　　　B. w　　　　　　　C. a　　　　　　　D. x

2. Python 标准库中关闭文件的函数是（　　）。

   A. closed()　　　B. close()　　　　C. closing()　　　D. off()

3. 代码 fn.seek(0) 的作用是将文件读写指针返回到（　　）。

   A. 文件开头　　　B. 文件末尾　　　C. 当前位置　　　D. 没有移动

4. 标准库 os 中，删除空文件夹使用（　　）。

   A. mkdir()　　　B. listdir()　　　C. chdir()　　　　D. rmdir()

5. 标准库 os 中，print(os.listdir('..')) 的运行结果是显示（　　）。

   A. 当前文件夹中包含的文件及文件夹名称

  B．当前文件夹中包含的文件名称

  C．上一级文件夹中包含的文件及文件夹名称

  D．上一级文件夹中包含的文件名称

二、判断题

1．Python 中用来处理文件的对象称为文件对象。（ ）

2．创建文件要使用 open()函数，这是 Python 的内置函数之一。（ ）

3．程序完成文件的读写后，应当关闭文件。（ ）

4．如果以追加写模式打开一个文件，并在文件中写入内容，写入的内容会增加（追加）到文件末尾。（ ）

5．如果以覆盖写模式打开一个文件，并在文件中写入内容，文件中原来的所有内容都会丢失，替换为新的数据。（ ）

6．要将文件读写指针返回到文件起始位置，可以使用 seek()函数，并传入参数 0，如 myFile.seek(0)。（ ）

三、填空题

1．相对路径是相对于_____的。

2．绝对路径从_____开始。

3．要实现在文件中写入内容时换行，应该在写入时添加_____转义字符。

4．在 C:\bacon\eggs\spam.txt 中，_____是文件夹名，_____是文件名。

5．在 Python 中处理文件夹的标准库的名称是_____。

6．在 Python 标准库中打开文件最常用的是_____函数。

7．在 Python 程序中常使用_____标准库来读取和修改 CSV 文件。

四、简答题

1．read()和 readlines()函数的区别是什么？

2．可以传递给 open()函数的访问模式参数值有哪些？

3．如果已有的文件以写模式打开，会发生什么？

章节实训

一、实训内容

  编写一个 Python 程序，打开一个二进制文件，并输出其中前 5 行内容。

二、实训目标

  通过已学知识，锻炼举一反三解决问题的能力。

三、实训思路

  首先在计算机或网络上查找到一个图像、声音或视频文件，然后使用 open()函数中读取二进制文件的模式参数 rb 打开该文件，最后使用 readlines(5)方法读取该文件的前 5 行内容并输出。

第 **7** 章
pandas 数据分析

学习目标

掌握 pandas 的两种数据结构及其基本操作；掌握 DataFrame 数据的基本操作，即数据的查、改、增、删；掌握 pandas 的数据导入与导出操作；掌握数据分析前的常用预处理操作；掌握 pandas 中的数据分组、聚合以及统计操作；掌握 pandas 中数据透视表和交叉表的创建方法。

本章导读

销售数据的分析

销售数据如同一面镜子，能清晰地映射出顾客需求、市场变化以及经营策略的有效性。为提升顾客满意度、增强市场竞争力，对销售数据进行分析显得很重要。本章将围绕小型商店的近期销售数据，通过 pandas 的数据分析技术，分析哪些商品受顾客青睐、每天的销售总额，以及每类商品的售出数量有何变化等。

通过本章的学习，读者能系统地学习 pandas 的基础知识，从核心数据结构 Series 和 DataFrame 的创建与操作开始，逐步深入数据的导入与导出、清洗与转换、聚合与筛选、排序与索引等高级功能，从而掌握如何使用 pandas 轻松应对各种数据处理挑战。

pandas 是 Python 数据分析领域中一个非常重要的第三方库，它大大降低了数据分析的复杂度，提高了数据分析的效率，是数据科学家、分析师和工程师不可或缺的工具之一。利用 pandas 可以快速地完成数据读写、数据查询与统计、数据整理等功能，这些功能需要基本数据结构的支持，pandas 中利用两种基本数据结构即 Series 和 DataFrame 来实现数据分析功能。

7.1 pandas 数据结构

pandas 主要提供了两种数据结构，即 Series 和 DataFrame，Series 是一维数据结构，DataFrame 是二维数据结构。本节介绍这两种数据结构的创建和基本操作。

要使用 pandas，首先需要导入该库，同时为方便使用，在导入时通常为该库取别名为"pd"，代码为：

```
import pandas as pd
```

此外，在 Jupyter Notebook 中，可根据需要设置数据显示的行列数，通过调用 pandas 的 set_option() 函数来实现，例如以下代码可设置在 Jupyter Notebook 中最多显示 10 行 8 列的数据，超出部分使用省略号替换。

```
pd.set_option('display.max_rows', 10)
pd.set_option('display.max_columns', 8)
```

7.1.1 Series 对象

pandas 中的 Series 类似于一维数组或列表，但功能更为强大。Series 由索引（index）和数据（data）两部分组成。索引也称为数据标签，用于标识数据的位置，可以是自动生成的整数，也可以是自定义的字符串等任意数据类型。数据部分则存储了 Series 的实际值，可以是数值、字符串、布尔值等任意数据类型。

1. Series 的创建

可以使用 pandas 的 Series() 函数创建 Series，其基本语法格式为：

```
pd.Series(data, index=None)
```

参数说明如下。
- data 是必选参数，指要放入 Series 中的数据，可以是列表、数组、字典等。
- index 是可选参数，能够自定义 Series 的索引，如果没有指定索引，pandas 会自动创建从 0 开始的整数索引。

例 7-1　创建 Series。

```
import pandas as pd
data1 = [1, 2, 3, 4, 5]
s1 = pd.Series(data1)  #使用列表创建 Series，没有指定索引
print(s1)
data2 = [10, 20, 30, 40, 50]
s2 = pd.Series(data2, index=['A', 'B', 'C', 'D', 'E'])  #使用列表创建 Series，自定义索引
print(s2)
data3 = {'a': 100, 'b': 200, 'c': 300, 'd': 400, 'e': 500}
s3= pd.Series(data3)  #使用字典创建 Series，字典的键作为索引
print(s3)
```

程序运行结果：

```
0    1
1    2
2    3
3    4
4    5
dtype: int64
A    10
B    20
C    30
D    40
E    50
```

```
dtype: int64
a    100
b    200
c    300
d    400
e    500
dtype: int64
```

例 7-1 创建了 3 个 Series，s1 通过列表创建，没有指定索引，使用从 0 开始的自动索引；s2 通过列表创建，自定义索引 ['A', 'B', 'C', 'D', 'E']；s3 通过字典创建，使用字典的键作为索引。对于 s2 和 s3 来说，自动索引同时存在。

2. Series 的常用操作

通过 index 属性可以获取 Series 的索引，通过 values 属性可以获取 Series 的数据。同时，与字符串、列表等数据类型一样，Series 也支持索引和切片操作，可以通过索引来选择或修改数据，也可以通过切片获取一段范围内的数据，得到一个新的 Series。

> **例 7-2**　操作 Series。
>
> ```
> import pandas as pd
> data1 = [1, 2, 3, 4, 5]
> s1 = pd.Series(data1)
> print('s1 的索引: ', s1.index)
> print('s1 的数据: ', s1.values)
> print('s1 索引为 0 的数据: ', s1[0])
> print('s1 索引为 1 到 3 的数据: \n', s1[1:4])
> ```
>
> 程序运行结果：
>
> ```
> s1 的索引: RangeIndex(start=0, stop=5, step=1)
> s1 的数据: [1 2 3 4 5]
> s1 索引为 0 的数据: 1
> s1 索引为 1 到 3 的数据:
> 1    2
> 2    3
> 3    4
> dtype: int64
> ```

7.1.2　DataFrame 对象

DataFrame 是类似于二维数组或表格（如 Excel 表格）的对象，它包含一组有序的列，每一列的数据类型是相同的，但不同列可以是不同的数据类型（如字符串、数字、日期和时间等）。DataFrame 既有行索引，又有列索引，可以看作由 Series 组成的字典。DataFrame 包括 3 个基本要素，分别是行索引、列索引、数据。在 DataFrame 的许多操作中，都使用了 axis 这一参数，用于指定操作是应用于行的方向还是列的方向，axis=0 表示操作应用于行的方向，而 axis=1 表示操作应用于列的方向。DataFrame 基本结构如图 7-1 所示。

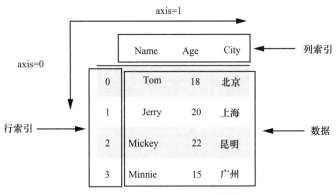

图 7-1 DataFrame 基本结构

1. DataFrame 的创建

DataFrame 的创建可以通过多种方式实现，常用的是通过字典、列表、文件导入创建，本节介绍通过字典、列表创建 DataFrame 的方式，文件导入创建将在 7.3.1 节中详细介绍。

使用字典创建 DataFrame 时，字典的键成为列名，字典的值（通常是列表或数组）成为对应列的数据。使用列表创建 DataFrame 时，实际上是通过列表的二维列表来创建，并通过使用 columns 属性指定列名。

例 7-3　创建 DataFrame。

```
import pandas as pd
# 使用字典创建 DataFrame
data1 = {
    'Name': ['Tom', 'Jerry', 'Mickey', 'Minnie'],
    'Age': [18, 20, 22, 15],
    'City': ['北京', '上海', '昆明', '广州']
}
df1 = pd.DataFrame(data1)
print(df1)
# 使用二维列表创建 DataFrame
data2 = [
    ['Tom', 18, '北京'],
    ['Jerry', 20, '上海'],
    ['Mickey', 22, '昆明'],
    ['Minnie', 15, '广州']
]
df2 = pd.DataFrame(data2, columns=['Name', 'Age', 'City'])
print(df2)
# 使用字典创建 DataFrame，并自定义行索引
df3=pd.DataFrame(data1,index=['A1', 'A2', 'A3', 'A4'])
print(df3)
```

程序运行结果：

	Name	Age	City
0	Tom	18	北京
1	Jerry	20	上海

2	Mickey	22	昆明
3	Minnie	15	广州
	Name	Age	City
0	Tom	18	北京
1	Jerry	20	上海
2	Mickey	22	昆明
3	Minnie	15	广州
	Name	Age	City
A1	Tom	18	北京
A2	Jerry	20	上海
A3	Mickey	22	昆明
A4	Minnie	15	广州

例 7-3 创建了 3 个 DataFrame，df1 和 df2 的结构和数据完全相同，df1 使用字典创建，df2 使用二维列表创建；df3 创建时自定义了行索引，但需要注意的是，pandas 提供的整数自动行号同时存在。

2. DataFrame 的常用属性和函数

DataFrame 的常用属性和函数如表 7-1 所示。

表 7-1　DataFrame 的常用属性和函数

属性/函数	说明
shape	返回 DataFrame 的形状，即行数和列数
dtypes	返回 DataFrame 中每一列的数据类型
columns	返回 DataFrame 的列索引
index	返回 DataFrame 的行索引
values	返回 DataFrame 中的数据
head()	获取数据的前几行，无参数时默认返回前 5 行。如 df.head() 返回 df 的前 5 行，df.head(3) 返回 df 的前 3 行
tail()	获取数据的最后几行，无参数时默认返回最后 5 行。如 df.tail() 返回 df 的最后 5 行，df.tail(10) 返回 df 的最后 10 行
info()	返回 DataFrame 的基本信息，如列名、数据类型、非空值数量等
sample()	返回从 DataFrame 中随机抽取的样本，无参数时返回 1 行。如 df.sample() 返回从 df 中随机抽取的 1 行，df.sample(8) 返回从 df 中随机抽取的 8 行

例 7-4　DataFrame 的常用属性和函数。

```
import pandas as pd
data1 = {
    'Name': ['Tom', 'Jerry', 'Mickey', 'Minnie'],
    'Age': [18, 20, 22, 15],
    'City': ['北京', '上海', '昆明', '广州']
}
df1 = pd.DataFrame(data1)
```

```
print('df1 的行列数：', df1.shape)
print('df1 每列的数据类型：\n', df1.dtypes)
print('df1 前 2 行：\n', df1.head(2))
print('df1 后 3 行：\n', df1.tail(3))
print('df1 中的随机 2 行：\n', df1.sample(2))
```

程序运行结果：

```
df1 的行列数： (4, 3)
df1 每列的数据类型：
Name    object
Age      int64
City    object
dtype: object
df1 前 2 行：
      Name  Age  City
0     Tom   18   北京
1     Jerry 20   上海
df1 后 3 行：
      Name   Age City
1     Jerry  20  上海
2     Mickey 22  昆明
3     Minnie 15  广州
df1 中的随机 2 行：
      Name  Age  City
1     Jerry 20   上海
0     Tom   18   北京
```

7.2 DataFrame 数据的基本操作

学习过数据库相关知识的读者应该知道，数据库中最常使用的操作为查、改、增、删。DataFrame 作为一种二维数据结构，也能够像数据库一样实现查、改、增、删操作，如查找数据、添加或删除行列、修改某个值等。本节将介绍 DataFrame 数据的提取、修改、增加、删除、筛选等内容。首先引入 DataFrame，创建数据的代码为：

```
import pandas as pd
data={'ID':['001', '002', '003', '004', '005', '006'],
    '名称':['苹果', '香皂', '牛奶', '香蕉', '笔记本', '辣条'],
    '价格':[4.99, 10.50, 3.50, 6.40, 8.00, 2.50],
    '类型':['水果', '日用品', '食品', '水果', '学习用品', '食品'],
    '库存量':[20, 50, 10, 8, 30, 15]}
df=pd.DataFrame(data, index=['A', 'B', 'C', 'D', 'E', 'F'])
```

df 中存放了 6 个商品的基本信息，自定义的行索引为 A、B、C、D、E、F，同时存在编号为 0~5 的自动行号，自定义的列名为 ID、名称、价格、类型、库存量，同时存在编号为 0~4 的自动列号，其结构和数据如图 7-2 所示。

		0	1	2	3	4
		ID	名称	价格	类型	库存量
0	A	001	苹果	4.99	水果	20
1	B	002	香皂	10.50	日用品	50
2	C	003	牛奶	3.50	食品	10
3	D	004	香蕉	6.40	水果	8
4	E	005	笔记本	8.00	学习用品	30
5	F	006	辣条	2.50	食品	15

图 7-2 商品数据信息

7.2.1 数据的提取

1. 行的提取

（1）使用索引

使用索引提取行的语法格式为：DataFrame [a:b:k]。其中，a 和 b 为行索引，k 为步长（整数，默认为 1）。a 和 b 既可以是自动行号，指提取从 a 行开始、到 b 行之前（不包含 b 行）、步长为 k 的行，如 df[0:1] 指提取 df 的第一行；也可以是自定义行索引，指提取从 a 行开始、到 b 行为止（包含 b 行）、步长为 k 的行，如 df['A':'A'] 也指提取 df 的第一行。

例 7-5 使用索引提取行。

```
print('df 的前 2 行：\n', df[0:2])
print('df 的奇数行：\n', df[0:6:2])
print('df 的 C 行到 D 行：\n', df['C':'D'])
```

程序运行结果：

df 的前 2 行：

	ID	名称	价格	类型	库存量
A	001	苹果	4.99	水果	20
B	002	香皂	10.50	日用品	50

df 的奇数行：

	ID	名称	价格	类型	库存量
A	001	苹果	4.99	水果	20
C	003	牛奶	3.50	食品	10
E	005	笔记本	8.00	学习用品	30

df 的 C 行到 D 行：

	ID	名称	价格	类型	库存量
C	003	牛奶	3.50	食品	10
D	004	香蕉	6.40	水果	8

（2）使用 loc[]

loc[] 用于根据索引值提取行。loc[] 的语法格式为：

`DataFrame.loc [行索引, 列索引]`

loc[] 可设置两个参数，第一个参数指定行索引，第二个参数指定列索引，两个参数都可以是一个索引、一个索引列表或者一个范围。如果要提取的是不连续的多行，应将行索引放入列表并传到第一个参数中。

例 7-6 使用 loc[] 提取行。

```
print('索引为 A 的行（Series 形式）：\n', df.loc['A'])
print('索引为 A 的行（DataFrame 形式）：\n', df.loc[['A']])
print('索引为 A 至 C 的行：\n', df.loc['A':'C'])
print('索引为 A 或 C 的行：\n', df.loc[['A', 'C']])
```

程序运行结果：

索引为 A 的行（Series 形式）：

ID	001
名称	苹果
价格	4.99

```
类型          水果
库存量        20
Name: A, dtype: object
索引为 A 的行（DataFrame 形式）:
     ID   名称    价格    类型   库存量
A   001  苹果   4.99   水果    20
索引为 A 至 C 的行:
     ID   名称    价格     类型      库存量
A   001  苹果   4.99    水果       20
B   002  香皂   10.50   日用品     50
C   003  牛奶   3.50    食品       10
索引为 A 或 C 的行:
     ID   名称    价格    类型   库存量
A   001  苹果   4.99   水果    20
C   003  牛奶   3.50   食品    10
```

（3）使用 iloc[]

iloc[]用于根据自动行号提取行。iloc[]的语法格式为:

```
DataFrame.iloc[行号, 列号]
```

iloc[]可设置两个参数，第一个参数指定行号，第二个参数指定列号，两个参数都可以是单个整数、整数列表或整数切片。

例 7-7 使用 iloc[]提取行。

```
print('行号为 1 的行（Series 形式）: \n', df.iloc[1])
print('行号为 1 的行（DataFrame 形式）: \n', df.iloc[[1]])
print('行号 3 开始的所有行: \n', df.iloc[3:])
print('行号为 1 到 3 的行: \n', df.iloc[1:4])
print('行号为 1、2、4 的行: \n', df.iloc[[1, 2, 4]] )
```

程序运行结果:

```
行号为 1 的行（Series 形式）:
 ID        002
名称        香皂
价格        10.50
类型        日用品
库存量      50
Name: B, dtype: object
行号为 1 的行（DataFrame 形式）:
     ID   名称    价格    类型   库存量
B   002  香皂   10.50  日用品  50
行号 3 开始的所有行:
     ID   名称    价格     类型      库存量
D   004  香蕉   6.40     水果       8
E   005  笔记本  8.00     学习用品   30
F   006  辣条   2.50     食品       15
行号为 1 到 3 的行:
     ID   名称    价格     类型     库存量
B   002  香皂   10.50   日用品    50
C   003  牛奶   3.50    食品      10
```

	ID	名称	价格	类型	库存量
D	004	香蕉	6.40	水果	8

行号为 1、2、4 的行：

	ID	名称	价格	类型	库存量
B	002	香皂	10.50	日用品	50
C	003	牛奶	3.50	食品	10
E	005	笔记本	8.00	学习用品	30

2. 列的提取

（1）使用列名

DataFrame 是带有标签的二维数组，每个标签相当于每列的列名，因此，只要以字典访问某 key 的方式使用对应的列名，就可以提取 DataFrame 中的单列。访问多列数据时，需要将多个列名放入一个列表中。

例 7-8　使用列名提取列。

```
print('ID 列（Series 形式）: \n', df['ID'])
print('名称和价格列: \n', df[['名称', '价格']])
```

程序运行结果：

```
ID 列（Series 形式）:
A    001
B    002
C    003
D    004
E    005
F    006
Name: ID, dtype: object
名称和价格列:
    名称    价格
A   苹果   4.99
B   香皂   10.50
C   牛奶   3.50
D   香蕉   6.40
E   笔记本  8.00
F   辣条   2.50
```

（2）使用 loc[]

loc[] 用于根据列名提取列，按照 loc[] 的语法格式，第一个参数设置为:表示所有行，第二个参数设置为要提取的列索引，行索引和列索引之间用逗号隔开。

例 7-9　使用 loc[] 提取列。

```
print('ID 列（Series 形式）: \n', df.loc[:, 'ID'])
print('名称和价格列: \n', df.loc[:, ['名称', '价格']])
```

程序运行结果与例 7-8 的一致。

（3）使用 iloc[]

iloc[] 用于根据自动列号提取列，按照 iloc[] 的语法格式，第一个参数设置为:表示所有行，第二个参数设置为列号，行号和列号之间使用逗号分隔。

例 7-10 使用 iloc [] 提取列。

```
print('列号为 1 的列: \n', df.iloc[:, 1])
print('列号为 1、3 的列: \n', df.iloc[:, [1, 3]])
print('列号为 3 及之后的列: \n', df.iloc[:, 3:])
```

程序运行结果:

```
列号为 1 的列:
A    苹果
B    香皂
C    牛奶
D    香蕉
E    笔记本
F    辣条
Name: 名称, dtype: object
```

列号为 1、3 的列:

	名称	类型
A	苹果	水果
B	香皂	日用品
C	牛奶	食品
D	香蕉	水果
E	笔记本	学习用品
F	辣条	食品

列号为 3 及之后的列:

	类型	库存量
A	水果	20
B	日用品	50
C	食品	10
D	水果	8
E	学习用品	30
F	食品	15

3. 同时选择行和列

同时选择行和列,可以自由定位到 DataFrame 中的任意数据。

(1)使用行索引和列名

使用行索引和列名的语法格式为 DataFrame [行索引] [列名], 行索引和列名的顺序不限, 谁在前都可以。如例 7-11 中的 df [0:1] ['名称'], 也可以写为 df ['名称'] [0:1]。

例 7-11 使用行索引和列名选择行和列。

```
print('第一行的名称: \n', df[0:1] ['名称'])
print('行号为 2、3 的名称和价格: \n', df[2:4] [['名称', '价格']])
```

程序运行结果:

```
第一行的名称:
A    苹果
Name: 名称, dtype: object
行号为 2、3 的名称和价格:
```

```
     名称　价格
C　牛奶　3.50
D　香蕉　6.40
```

（2）使用 loc[]

loc[]用于根据行索引和列名选择行和列，同时设置 loc[]的两个参数即可选择对应的数据。

例 7-12　使用 loc[]选择行和列。

```
print('行索引为 A 的名称: ', df.loc['A', '名称'])
print('行索引为 A 的名称和价格: \n', df.loc['A', ['名称', '价格']])
print('A 至 D 行、名称至类型列: \n', df.loc['A':'D', '名称':'类型'])
print('A 和 D 行、名称和类型列: \n', df.loc[['A', 'D'], ['名称', '类型']])
```

程序运行结果：

```
行索引为 A 的名称: 苹果
行索引为 A 的名称和价格:
名称     苹果
价格     4.99
Name: A, dtype: object
A 至 D 行、名称至类型列:
     名称      价格      类型
A    苹果      4.99     水果
B    香皂      10.50    日用品
C    牛奶      3.50     食品
D    香蕉      6.40     水果
A 和 D 行、名称和类型列:
     名称   类型
A    苹果   水果
D    香蕉   水果
```

（3）使用 iloc[]

同时设置 iloc[]的行号和列号即可选择对应的数据。

例 7-13　使用 iloc[]选择行和列。

```
print('行号为 3、列号为 2 的数据: ', df.iloc[3,2])  #第 4 行、第 3 列的数据
print('行号为 3、列号为 1 到 3 的数据: \n', df.iloc[3,1:4])
print('行号为 1 和 3、列号为 1 和 4 的数据: \n', df.iloc[[1,3], [1,4]])
```

程序运行结果：

```
行号为 3、列号为 2 的数据: 6.40
行号为 3、列号为 1 到 3 的数据:
名称     香蕉
价格     6.40
类型     水果
Name: D, dtype: object
行号为 1 和 3、列号为 1 和 4 的数据:
     名称   库存量
B    香皂   50
D    香蕉   8
```

> **注意**
>
> 在提取数据的过程中,如果行、列连续,使用冒号分隔,不使用索引运算符"[]";如果行、列不连续,使用逗号分隔,同时使用索引运算符"[]"。

7.2.2 数据的修改

进行数据的修改时,首先要将需要修改的数据提取出来,再重新赋值。数据的修改是针对原数据进行的,操作无法撤销。因此,本节的例子操作的是备份的数据。先使用 df1=df.copy() 对 df 进行复制,再对 df1 进行操作。

1. 行的修改

行的修改就是先提取相关行,再直接修改内容。

> **例 7-14** 修改行数据。
>
> ```
> df1=df.copy()
> #修改最后一行数据
> df1[5:6]=['006','钢笔',7.00,'学习用品',30]
> #修改行索引为E的名称为彩笔,其他列未设置,修改结果为NaN
> df1.loc['E']={'名称':'彩笔'}
> df1
> ```

程序运行结果如图 7-3 所示。

	ID	名称	价格	类型	库存量
A	001	苹果	4.99	水果	20
B	002	香皂	10.50	日用品	50
C	003	牛奶	3.50	食品	10
D	004	香蕉	6.40	水果	8
E	NaN	彩笔	NaN	NaN	NaN
F	006	钢笔	7.00	学习用品	30

图 7-3 例 7-14 程序运行结果

2. 列的修改

与行的修改一致,列的修改就是提取列后修改内容。

> **例 7-15** 修改列数据。
>
> ```
> #修改行索引为A和C的价格,其他行未设置,修改结果为NaN
> df1['价格']={'A':100.00,'C':200.00}
> #修改"库存量"列数据
> df1['库存量']=[10,20,25,40,65,50]
> df1
> ```

程序运行结果如图 7-4 所示。

	ID	名称	价格	类型	库存量
A	001	苹果	100.00	水果	10
B	002	香皂	NaN	日用品	20
C	003	牛奶	200.00	食品	25
D	004	香蕉	NaN	水果	40
E	NaN	彩笔	NaN	NaN	65
F	006	钢笔	NaN	学习用品	50

图 7-4　例 7-15 程序运行结果

3. 单元格的修改

单元格的修改就是先定位到单元格，再修改内容。

例 7-16　修改单元格。

```
#将第一行的"苹果"改为"苹果汁"
df1.loc['A','名称']='苹果汁'
#将"苹果汁"的类型改为"饮料"
df1.iloc[0,3]='饮料'
df1
```

程序运行结果如图 7-5 所示。

	ID	名称	价格	类型	库存量
A	001	苹果汁	100.00	饮料	10
B	002	香皂	NaN	日用品	20
C	003	牛奶	200.00	食品	25
D	004	香蕉	NaN	水果	40
E	NaN	彩笔	NaN	NaN	65
F	006	钢笔	NaN	学习用品	50

图 7-5　例 7-16 程序运行结果

7.2.3　数据的增加

1. 行的增加

增加新行是指将新的数据行追加到 DataFrame 的末尾，实现的方法包括使用 loc[] 定位到新行后赋值、使用_append()函数和concat()函数,concat()函数的使用将在7.4.3节介绍。_append()函数可以将一行或多行追加到 DataFrame 的末尾，并返回一个新的 DataFrame（原 DataFrame不会改变）。

例 7-17　增加行。

```
df2=df.copy()
df2.loc['G']=['007','菠萝',18.50,'水果',20]  #利用loc[]定位到新行G，并使用列表赋值
df2.loc['H']={'ID':'008','名称':'洗衣液','价格':34.90}  #使用字典为新行H赋值
#定义新行 new_row
```

107

```
new_row={'ID':'009','名称':'保鲜袋','价格':8.90,'类型':'日用品','库存量':30}
#将 new_row 增加到 df2 中，ignore_index=True 用于重置索引
df2=df2._append(new_row,ignore_index=True)
df2
```

程序运行结果如图 7-6 所示。

	ID	名称	价格	类型	库存量
0	001	苹果	4.99	水果	20
1	002	香皂	10.50	日用品	50
2	003	牛奶	3.50	食品	10
3	004	香蕉	6.40	水果	8
4	005	笔记本	8.00	学习用品	30
5	006	辣条	2.50	食品	15
6	007	菠萝	18.50	水果	20
7	008	洗衣液	34.90	NaN	NaN
8	009	保鲜袋	8.90	日用品	30

图 7-6　例 7-17 程序运行结果

2. 列的增加

要增加新列时，可以直接给 DataFrame 分配一个新的列名，并为其提供一个与 DataFrame 行数相匹配的序列（如列表、Series 等）作为值，也可以使用 insert() 函数在指定位置增加新列。

例 7-18　增加列。

```
df3=df.copy()
#添加"进价"列，并填充数据
df3['进价']=[3.50,6.80,2.00,5.00,4.50,1.00]
#添加"利润"列，并使用价格和进价之差填充
df3['利润']=df3['价格']-df3['进价']
#添加"是否可售"列，所有的值均为 True
df3["是否可售"]=True
#在列号为 4 的位置添加新列"上架日期"并填充数据
df3.insert(4,'上架日期',['2024-5-1','2024-6-7','2024-7-10'
                ,'2024-7-10','2024-7-15','2024-7-20'])
df3
```

程序运行结果如图 7-7 所示。

	ID	名称	价格	类型	上架日期	库存量	进价	利润	是否可售
A	001	苹果	4.99	水果	2024-5-1	20	3.50	1.49	True
B	002	香皂	10.50	日用品	2024-6-7	50	6.80	3.70	True
C	003	牛奶	3.50	食品	2024-7-10	10	2.00	1.50	True
D	004	香蕉	6.40	水果	2024-7-10	8	5.00	1.40	True
E	005	笔记本	8.00	学习用品	2024-7-15	30	4.50	3.50	True
F	006	辣条	2.50	食品	2024-7-20	15	1.00	1.50	True

图 7-7　例 7-18 程序运行结果

7.2.4　数据的删除

删除某行或某列数据需要使用 drop() 函数，其基本语法格式为：

DataFrame.drop(labels, axis=0, inplace=False)

drop() 函数的常用参数如表 7-2 所示。

表 7-2　drop() 函数的常用参数

参数	说明
labels	指定要删除的行或列的索引或标签。可以是单个索引/标签、索引/标签列表或数组
axis	指定删除行还是列，0 表示删除行，1 表示删除列，默认为 0
inplace	指定是否直接在原始 DataFrame 上进行修改，默认为 False，表示不直接修改原始 DataFrame，而是返回一个新的 DataFrame

drop() 函数默认返回一个新的 DataFrame，包含删除后的数据。因此，如果需要保留这个新的 DataFrame，可以使用 inplace=True 指明在原来的 DataFrame 上进行修改，也可以将返回的 DataFrame 赋值给一个新的变量。

例 7-19　删除数据。

```
df4=df.copy()
df4=df4.drop('A')    #删除行索引为 A 的行，结果返回 df4
df4.drop(['B','D'],axis=0,inplace=True)  #在 df4 中删除行索引为 B 和 D 的行
df4=df4.drop('类型',axis=1)  #删除列名为"类型"的列，结果返回 df4
df4.drop(df4.columns[2:3],axis=1)  #删除"价格"到"库存量"的所有列，不修改 df4
df4
```

程序运行结果如图 7-8 所示。

	ID	名称	价格	库存量
C	003	牛奶	3.50	10
E	005	笔记本	8.00	30
F	006	辣条	2.50	15

图 7-8　例 7-19 程序运行结果

删除列还可以使用 del 语句，del 语句会直接修改原 DataFrame，如使用 del df4['价格'] 可以删除 df4 中的"价格"列，读者可自行尝试。

7.2.5　数据的筛选

数据筛选就是从大量的数据中选出有价值的数据，这样可以提高数据的可用性，有利于后期的数据分析。同时，结合删除、修改、增加等操作，可以实现带条件的数据更新。条件表达式用于筛选、过滤数据，常使用关系运算符和逻辑运算符来构造。

1. 按条件提取数据

例 7-20　按条件提取数据。

```
print('库存量小于15的商品: \n',df[df['库存量']<15])
print('价格高于5的水果: \n',df[(df['价格']>5) & (df['类型']=='水果')])
print('库存量大于等于15的水果或食品: \n',
        df[((df['类型']=='水果')|(df['类型']=='食品'))&(df['库存量']>=15)])
print('除学习用品外的商品: \n',df[~(df['类型']=='学习用品')])
print('苹果、牛奶和辣条: \n',df[df['名称'].isin(['苹果','牛奶','辣条'])])
```

程序运行结果:

```
库存量小于15的商品:
     ID  名称   价格   类型   库存量
C  003  牛奶  3.50  食品   10
D  004  香蕉  6.40  水果    8
价格高于5的水果:
     ID  名称   价格   类型   库存量
D  004  香蕉  6.40  水果    8
库存量大于等于15的水果或食品:
     ID  名称   价格   类型   库存量
A  001  苹果  4.99  水果   20
F  006  辣条  2.50  食品   15
除学习用品外的商品:
     ID  名称    价格    类型   库存量
A  001  苹果   4.99   水果   20
B  002  香皂  10.50   日用品  50
C  003  牛奶   3.50   食品   10
D  004  香蕉   6.40   水果    8
F  006  辣条   2.50   食品   15
苹果、牛奶和辣条:
     ID  名称    价格    类型   库存量
A  001  苹果   4.99   水果   20
C  003  牛奶   3.50   食品   10
F  006  辣条   2.50   食品   15
```

2. 按条件操作数据

例 7-21　按条件操作数据。

```
df5=df.copy()
#删除食品
df5=df5.drop(df5[df5['类型']=='食品'].index)
#将df中价格为5~10的商品追加到df5中
df5=df5._append(df[df['价格'].between(5,10)])
#将库存量大于10的商品价格调整为原来的2倍
df5.loc[df5['库存量']>10,'价格']=df5.loc[df5['库存量']>10,'价格']*2
df5
```

程序运行结果如图 7-9 所示。

	ID	名称	价格	类型	库存量
A	001	苹果	9.98	水果	20
B	002	香皂	21.00	日用品	50
D	004	香蕉	6.40	水果	8
E	005	笔记本	16.00	学习用品	30
D	004	香蕉	6.40	水果	8
E	005	笔记本	16.00	学习用品	30

图 7-9　例 7-21 程序运行结果

7.3　数据的导入与导出

7.3.1　数据导入

数据分析中的数据大部分来源于外部数据，有的以 CSV 格式存在，有的是 Excel 文件，还有的存在于数据库、网络中，因此，在数据分析过程中经常需要考虑如何将不同数据导入、整合。数据导入是进行数据预处理、建模和分析的前提。

pandas 库将外部数据转换为 DataFrame 数据格式，处理完成后可再存储到外部文件中，这就是数据的导入和导出。不同的数据源，需要使用不同的函数，pandas 内置了 10 余种数据源读取函数和对应的数据导入函数。

1. 导入文本文件

文本文件是一种由若干字符构成的计算机文件，是典型的顺序文件。CSV 文件就是一种文本文件，这种文件以纯文本形式存储表格数据，是一种简单、通用的文件。但 CSV 文件的分隔符不一定是逗号，所以又被称为字符分隔文件。图 7-10 所示是"股票数据.csv"文件，文件中以逗号分隔数据值。

```
交易日期,开盘价,最高价,最低价,收盘价,成交量（手）
20180920,64.40,64.85,64.03,64.39,164165.71
20180919,62.99,65.53,62.90,64.44,411364.31
20180918,61.62,63.60,61.01,63.21,263861.24
20180917,61.40,62.56,61.03,61.86,235508.59
20180914,60.45,62.16,59.70,61.53,294960.29
20180913,60.39,60.65,58.58,59.98,206865.36
20180912,61,61,59.59,59.65.00,191607.79
20180911,60.38,61.35,60.2.00,61.00,202919.36
20180910,60.92,60.96,59.28,60.38,195919.16
```

图 7-10　"股票数据.csv"文件

pandas 提供了 read_table()函数来导入文本文件，read_csv()函数来导入 CSV 文件，这两个函数的基本语法格式如下：

```
pandas.read_table(filepath, sep='\t', header='infer', names=None, encoding='utf-8', nrows=None)
pandas.read_csv(filepath, sep=',', header='infer', names=None, encoding='utf-8', nrows=None)
```

read_table()和 read_csv()函数的多数参数相同，常用参数如表 7-3 所示。

表 7-3　read_table()和 read_csv()函数的常用参数

参数	说明
filepath	用于设置文件路径，为必选参数，不能省略
sep	用于设置分隔符，read_table()中默认为制表符"\t"，read_csv()中默认为","。注意，如果分隔符指定错误，在导入数据时，每一行数据将连成一片
header	用于设置表头，表示将某行数据作为列名。默认为 infer，表示自动识别
names	接收列表作为列名
encoding	用于设置字符编码方式
nrows	当读入的文件内容太多时，可以利用 nrows 指定读入的行数

例 7-22　导入 CSV 文件。

```
import pandas as pd
#使用 read_table()导入股票数据，指定分隔符和编码方式
frame1=pd.read_table('data//股票数据.csv',sep=',',encoding='gbk')
print(frame1.head())
#使用 read_csv()导入股票数据，指定编码方式
frame2=pd.read_csv('data//股票数据.csv',encoding='gbk')
print(frame2.sample(3))
```

程序运行结果：

```
     交易日期   开盘价   最高价   最低价   收盘价   成交量（手）
0    20180920  64.40  64.85  64.03  64.39  164165.71
1    20180919  62.99  65.53  62.90  64.44  411364.31
2    20180918  61.62  63.60  61.01  63.21  263861.24
3    20180917  61.40  62.56  61.03  61.86  235508.59
4    20180914  60.45  62.16  59.70  61.53  294960.29
     交易日期   开盘价   最高价   最低价   收盘价   成交量（手）
2167 20091029  22.54  22.81  22.30  22.40  230198.36
2760 20070529  28.08  29.00  27.90  28.85  712599.85
1730 20110812  39.82  39.98  39.39  39.56  263073.32
```

2. 导入 Excel 文件

pandas 提供了 read_excel()函数来导入 Excel 文件（扩展名可以是.xls 或者.xlsx），其语法格式为：

```
pandas.read_excel(io,sheet_name=0,header='infer',names=None,dtype=None)
```

read_excel()函数的常用参数如表 7-4 所示。

表 7-4　read_excel()函数的常用参数

参数	说明
io	用于设置 Excel 文件的路径，为必选参数，不能省略
sheet_name	用于设置要读入的 Excel 工作簿的工作表，接收工作表名或工作表位置。默认为 0，代表第一张工作表
header	用于设置某行数据作为列名。默认为 infer，表示自动识别
names	用于设置列名
dtype	用于设置列的数据类型

例 7-23 导入 Excel 文件。

```
#使用 read_excel()函数导入"景区.xlsx"文件的第一张工作表中的数据
frame4=pd.read_excel('data//景区.xlsx')
frame4
```

程序运行结果如图 7-11 所示。

	省/自治区/直辖市	名称	游客量（万人次）
0	北京	十三陵	493.9
1	北京	八达岭	737.5
2	北京	石花洞	64.4
3	天津	盘山	228.3
4	河北	苍岩山	54.0
...	...	...	...
225	新疆维吾尔自治区	库木塔格沙漠	16.5
226	新疆维吾尔自治区	天山天池	185.7
227	新疆维吾尔自治区	赛里木湖	55.0
228	新疆维吾尔自治区	罗布人村寨	60.1
229	新疆维吾尔自治区	博斯腾湖	82.0

230 rows × 3 columns

图 7-11　例 7-23 程序运行结果

7.3.2　数据导出

1. 导出 CSV 文件

利用 pandas 中的 DataFrame 创建或编辑数据后，可以把这些数据保存到 CSV 文件中，这需要使用 DataFrame 的 to_csv()函数，其基本语法格式为：

```
DataFrame.to_csv(path, sep=', ', columns=None, header=True, index=True, mode='w')
```

to_csv()函数的常用参数如表 7-5 所示。

表 7-5　to_csv()函数的常用参数

参数	说明
path	必选参数，用于指定 CSV 文件的保存路径
sep	用于设置分隔符，默认使用逗号作为数据分隔符
columns	用于设置要写入的列
header	用于设置是否有表头信息，默认为 True，也就是包含表头
index	用于设置是否包含行索引，默认为 True，也就是包含行索列
mode	用于设置写入文件的模式，默认为 w（写入），改成 a 表示追加

例 7-24 导出 CSV 文件。

```
import pandas as pd
import numpy as np
#生成一个 5 行 4 列的 DataFrame，数据由 NumPy 产生的 0～1 的随机小数填充
frame5=pd.DataFrame(np.random.uniform(0, 1, size=(5, 4)),
                    columns=['A','B','C','D'])
print(frame5)
#将生成的 frame5 导出为 file1.csv 文件
frame5.to_csv('data//file1.csv')
```

程序运行结果：

```
          A         B         C         D
0  0.622075  0.341811  0.517451  0.094242
1  0.253301  0.096038  0.840652  0.821754
2  0.825539  0.248672  0.091284  0.146126
3  0.784367  0.317098  0.336808  0.118379
4  0.334074  0.095509  0.748911  0.406254
```

2. 导出 Excel 文件

要将 DataFrame 中的数据存储为 Excel 文件，需要使用 DataFrame 的 to_excel()函数，其基本语法格式为：

DataFrame.to_excel(excel_writer, sheet_name='Sheet1', columns=None, header=True, index=True)

to_excel()函数的常用参数与 to_csv()函数的基本一致，区别在于指定 Excel 文件存储路径时使用 excel_writer，同时增加了 sheet_name 参数，用于指定工作表名，默认为 Sheet1。

例 7-25 导出 Excel 文件。

```
import pandas as pd
import numpy as np
#生成 6 行 5 列的 DataFrame，数据由 NumPy 产生的 1～99 的随机整数填充
frame6=pd.DataFrame(np.random.randint(1, 100, size=(6, 5)),
                    columns=list('ABCDE'))
print(frame6)
#将生成的 frame6 导出为 file2.xlsx 文件
frame6.to_excel('data/file2.xlsx')
```

程序运行结果：

```
    A   B   C   D   E
0  12  23  97  54   6
1  11  76  21  17  80
2  51  67  82  64  96
3  97  43  92   2   6
4  62  19  94  38  48
5  22  25  81  41  71
```

运行例 7-24 和例 7-25 中的程序后，Jupyter Notebook 默认工作路径下的 data 文件夹中生成 file1.csv 和 file2.xlsx 文件，如图 7-12 所示。

图 7-12 导出的文件

7.4 数据的预处理

在 pandas 中，数据的预处理是一个广泛的概念，涵盖数据清洗、整理、合并、转换等多个方面，用于确保数据分析中数据的质量和可用性。本节将介绍 DataFrame 的索引修改、排序、数据合并操作以及缺失值、重复值的处理，使用的数据来自"商品销售.xlsx"文件，导入数据的代码如下：

```
import pandas as pd
#从"商品销售.xlsx"文件中导入"商品基本信息"表，并指定"ID"列为字符串类型
product=pd.read_excel('data//商品销售.xlsx',sheet_name='商品基本信息',dtype={'ID': str})
#从"商品销售.xlsx"文件中导入"销售信息"表，并指定"商品ID"列为字符串类型
sale=pd.read_excel('data//商品销售.xlsx',sheet_name='销售信息',dtype={'商品ID':str})
```

product 和 sale 的数据和结构分别如图 7-13 和图 7-14 所示。

	ID	名称	价格	类型	库存量
0	001	苹果	4.99	水果	20
1	002	香皂	10.50	日用品	50
2	003	牛奶	3.50	食品	10
3	004	香蕉	6.40	水果	8
...	...	...	...	...	...
6	007	菠萝	18.50	水果	20
7	008	洗衣液	34.90	日用品	15
8	009	保鲜袋	8.90	日用品	30
9	010	钢笔	3.00	学习用品	55

10 rows × 5 columns

图 7-13 product 的数据和结构

	ID	商品ID	销售日期	数量
0	1	001	2024-07-01	2
1	1	003	2024-07-01	3
2	1	005	2024-07-01	2
3	2	002	2024-07-01	1
...	...	...	...	...
17	6	008	2024-07-03	6
18	7	011	2024-07-03	2
19	7	006	2024-07-03	1
20	7	006	2024-07-03	3

21 rows × 4 columns

图 7-14 sale 的数据和结构

7.4.1 索引修改

可以使用多种函数修改包括行索引（index）和列索引（columns）在内的 DataFrame。

1. 使用 rename()函数

rename()函数可以用来修改行索引或列索引，其基本语法格式如下：

```
DataFrame.rename(index=None, columns=None, inplace=False)
```

index 和 columns 参数分别用于定义新的行索引和列索引；inplace 参数的值是一个布尔值，表示是否在原始数据上进行修改，默认为 False，如果要改动原始数据，应该将 inplace 参数设置为 True。修改列索引时，需要将 columns 参数设置为列表或字典，其中包含新的列名。而修改行索引

时，需要将 index 参数设置为列表或字典，其中包含新的行索引。

例 7-26 使用 rename()函数修改索引。

```
product1=product.copy()
#将 product1 的行索引 "1" 改为 "A"，"2" 改为 "B"
product1.rename(index={1:'A',2:'B'},inplace=True)
#临时修改 product1 的列名，将 "名称" 改为 "商品名"，"类型" 改为 "类别"
product1.rename(columns={'名称':'商品名','类型':'类别'})
print(product1)
```

程序运行结果：

```
      ID   商品名    价格     类别      库存量
0    001   苹果     4.99    水果      20
A    002   香皂     10.50   日用品    50
B    003   牛奶     3.50    食品      10
3    004   香蕉     6.40    水果      8
4    005   笔记本   8.00    学习用品  30
5    006   辣条     2.50    食品      15
6    007   菠萝     18.50   水果      20
7    008   洗衣液   34.90   日用品    15
8    009   保鲜袋   8.90    日用品    30
9    010   钢笔     3.00    学习用品  55
```

2. 直接设置属性

通过设置 columns 属性或 index 属性来修改索引的方法更简单、直接，但要注意的是，需要提供一个与原始列名或行索引长度相同的列表（或类似结构），其中包含新的列名或行索引。

例 7-27 通过设置属性修改索引。

```
#修改 product1 的 index 属性，设置所有的行索引为奇数
product1.index=range(1,20,2)
#修改 product1 的 columns 属性，重新设置所有的列索引
product1.columns=['ID',"name",'price','type','quantity']
product1
```

程序运行结果如图 7-15 所示。

	ID	name	price	type	quantity
1	001	苹果	4.99	水果	20
3	002	香皂	10.50	日用品	50
5	003	牛奶	3.50	食品	10
7	004	香蕉	6.40	水果	8
9	005	笔记本	8.00	学习用品	30
11	006	辣条	2.50	食品	15
13	007	菠萝	18.50	水果	20
15	008	洗衣液	34.90	日用品	15
17	009	保鲜袋	8.90	日用品	30
19	010	钢笔	3.00	学习用品	55

图 7-15 例 7-27 程序运行结果

3. 使用 set_index() 和 reset_index() 函数

set_index() 和 reset_index() 函数都可以用于设置行索引。set_index() 函数的基本语法格式为：

```
DataFrame.set_index(keys, drop=True, inplace=False)
```

其中，keys 参数用于设置将哪列作为新的行索引；将某列设置为行索引后，drop 参数用于设置是否删除该列，默认为 True，即删除该列；而 inplace 参数则决定了是否对原数据进行修改。reset_index() 函数用于还原索引列。

例 7-28　set_index() 和 reset_index() 函数的使用。

```
#使用 set_index() 函数设置 name 和 type 为行索引
product1.set_index(['name', 'type'], inplace=True)
print('设置了索引的 product1: \n', product1)
#将 product1 的两个索引列变成普通列，重置索引
product1.reset_index(inplace=True)
print('重置索引的 product1: \n', product1)
```

程序运行结果：

设置了索引的 product1:

name	type	ID	price	quantity
苹果	水果	001	4.99	20
香皂	日用品	002	10.50	50
牛奶	食品	003	3.50	10
香蕉	水果	004	6.40	8
笔记本	学习用品	005	8.00	30
辣条	食品	006	2.50	15
菠萝	水果	007	18.50	20
洗衣液	日用品	008	34.90	15
保鲜袋	日用品	009	8.90	30
钢笔	学习用品	010	3.00	55

重置索引的 product1:

	name	type	ID	price	quantity
0	苹果	水果	001	4.99	20
1	香皂	日用品	002	10.50	50
2	牛奶	食品	003	3.50	10
3	香蕉	水果	004	6.40	8
4	笔记本	学习用品	005	8.00	30
5	辣条	食品	006	2.50	15
6	菠萝	水果	007	18.50	20
7	洗衣液	日用品	008	34.90	15
8	保鲜袋	日用品	009	8.90	30
9	钢笔	学习用品	010	3.00	5

7.4.2　排序

在 pandas 中，对 DataFrame 进行排序是常见的操作，可以使用 sort_values() 或 sort_index() 函数来实现。sort_values() 函数按值排序，而 sort_index() 函数按索引排序。

1. sort_values()函数

sort_values()函数的基本语法格式为：

```
DataFrame.sort_values(by, axis=0, ascending=True, inplace=False)
```

sort_values()函数的常用参数如表7-6所示。

表7-6 sort_values()函数的常用参数

参数	说明
by	用于设置排序的行索引或列名
axis	用于设置排序的轴，默认为 0，即按照指定列中数据大小排序；若 axis=1，则按照指定索引中数据大小排序
ascending	用于设置是否为升序排列，默认为 True
inplace	用于设置是否在原数据中排序，默认为 False，返回新的、排序后的 DataFrame

例 7-29 sort_values()函数的使用。

```
print('按价格进行升序排列：\n', product.sort_values(by='价格'))
print('先按类型升序、类型相同再按价格降序排列：\n',
      product.sort_values(by=['类型', '价格'], ascending=[True, False]))
```

程序运行结果：

按价格进行升序排列：

	ID	名称	价格	类型	库存量
5	006	辣条	2.50	食品	15
9	010	钢笔	3.00	学习用品	55
2	003	牛奶	3.50	食品	10
0	001	苹果	4.99	水果	20
3	004	香蕉	6.40	水果	8
4	005	笔记本	8.00	学习用品	30
8	009	保鲜袋	8.90	日用品	30
1	002	香皂	10.50	日用品	50
6	007	菠萝	18.50	水果	20
7	008	洗衣液	34.90	日用品	15

先按类型升序、类型相同再按价格降序排列：

	ID	名称	价格	类型	库存量
4	005	笔记本	8.00	学习用品	30
9	010	钢笔	3.00	学习用品	55
7	008	洗衣液	34.90	日用品	15
1	002	香皂	10.50	日用品	50
8	009	保鲜袋	8.90	日用品	30
6	007	菠萝	18.50	水果	20
3	004	香蕉	6.40	水果	8
0	001	苹果	4.99	水果	20
2	003	牛奶	3.50	食品	10
5	006	辣条	2.50	食品	15

2. sort_index()函数

sort_index()函数的基本语法格式为：

DataFrame. sort_index (axis=0, ascending=True, inplace=False)

其中，axis 参数指定排序的方向，axis=0 表示按行索引排序，axis=1 表示按列名排序；ascending 和 inplace 参数分别用于指定是否升序排列和是否修改原数据。

例 7-30　sort_index()函数的使用。

print('按行索引降序排列: \n', product. sort_index (ascending=False))
print('按列名升序排列: \n', product. sort_index (axis=1))

程序运行结果:

按行索引降序排列:

	ID	名称	价格	类型	库存量
9	010	钢笔	3.00	学习用品	55
8	009	保鲜袋	8.90	日用品	30
7	008	洗衣液	34.90	日用品	15
6	007	菠萝	18.50	水果	20
5	006	辣条	2.50	食品	15
4	005	笔记本	8.00	学习用品	30
3	004	香蕉	6.40	水果	8
2	003	牛奶	3.50	食品	10
1	002	香皂	10.50	日用品	50
0	001	苹果	4.99	水果	20

按列名升序排列:

	ID	价格	名称	库存量	类型
0	001	4.99	苹果	20	水果
1	002	10.50	香皂	50	日用品
2	003	3.50	牛奶	10	食品
3	004	6.40	香蕉	8	水果
4	005	8.00	笔记本	30	学习用品
5	006	2.50	辣条	15	食品
6	007	18.50	菠萝	20	水果
7	008	34.90	洗衣液	15	日用品
8	009	8.90	保鲜袋	30	日用品
9	010	3.00	钢笔	55	学习用品

7.4.3　数据合并

pandas 允许将两个或多个 DataFrame 根据一些共同的属性（如索引、列等）合并成一个新的 DataFrame，它提供了多种数据合并的函数，包括 concat()、merge()等。

1. concat()函数

concat()函数能沿着一条轴将多个对象堆叠到一起，可以用来合并 DataFrame 或 Series。其基本语法格式为：

pandas. concat (objs, axis=0, join='outer', ignore_index=False) concat()函数的常用参数如表 7-7 所示。

表 7-7　concat()函数的常用参数

参数	说明
objs	用于设置要合并的数据对象
axis	用于设置合并数据的方向，默认为 0，表示纵向合并数据；如果 axis=1，则表示横向合并数据
join	用于设置合并数据时是并集还是交集，默认为 outer，表示并集；如果 join='inner'，则表示交集
ignore_index	用于设置是否忽略原索引，如果 ignore_index=True，则表示重新进行自然索引

例 7-31　使用 concat()函数纵向合并数据。

```
#提取 product 行索引为 0~2 的 3 行
p1=product.loc[0:2]
#提取 product 行索引为 8~9 的两行
p2=product.loc[8:9]
#临时合并 p1 和 p2
print(pd.concat([p1,p2]))
#合并 p1 和 p2，重新索引，同时将结果保存在 product2 中
product2=pd.concat([p1,p2],ignore_index=True)
print('product2: \n',product2)
```

程序运行结果：

```
     ID   名称    价格     类型      库存量
0   001   苹果    4.99    水果      20
1   002   香皂    10.50   日用品    50
2   003   牛奶    3.50    食品      10
8   009   保鲜袋  8.90    日用品    30
9   010   钢笔    3.00    学习用品  55
product2:
     ID   名称    价格     类型      库存量
0   001   苹果    4.99    水果      20
1   002   香皂    10.50   日用品    50
2   003   牛奶    3.50    食品      10
3   009   保鲜袋  8.90    日用品    30
4   010   钢笔    3.00    学习用品  55
```

例 7-32　使用 concat()函数横向合并数据。

```
#定义 new_cols，保存 3 个商品的供应商和上架日期
new_cols=pd.DataFrame({'供应商':['果先生','力士','大理牧场']
             ,'上架日期':['2024-7-1','2024-1-3','2024-7-18']})
#临时横向合并 product2 和 new_cols，结果为默认的并集
print(pd.concat([product2,new_cols],axis=1))
#以交集、横向方式合并 product2 和 new_cols，将结果保存在 product2 中
```

```
product2=pd.concat([product2,new_cols],join='inner',axis=1)
print(product2)
```

程序运行结果：

	ID	名称	价格	类型	库存量	供应商	上架日期
0	001	苹果	4.99	水果	20	果先生	2024-7-1
1	002	香皂	10.50	日用品	50	力士	2024-1-3
2	003	牛奶	3.50	食品	10	大理牧场	2024-7-18
3	009	保鲜袋	8.90	日用品	30	NaN	NaN
4	010	钢笔	3.00	学习用品	55	NaN	NaN
	ID	名称	价格	类型	库存量	供应商	上架日期
0	001	苹果	4.99	水果	20	果先生	2024-7-1
1	002	香皂	10.50	日用品	50	力士	2024-1-3
2	003	牛奶	3.50	食品	10	大理牧场	2024-7-18

2. merge()函数

merge()函数用于合并两个或多个 DataFrame。它可以根据一个或多个键将行连接起来。merge()函数合并数据有 4 种方式，分别是内连接、左连接、右连接和外连接。其基本语法格式为：

pandas.merge(left,right,how='inner',on=None,left_on=None,right_on=None,left_index=False,right_index=False,sort=True,suffixes=('_x','_y'))

merge()函数的常用参数如表 7-8 所示。

表 7-8　merge()函数的常用参数

参数	说明
left	用于设置左连接对象
right	用于设置右连接对象
how	用于设置连接方式，可设置为 left、right、inner、outer
on	用于设置连接的列名，左表、右表必须一致
left_on	用于设置左表的连接列
right_on	用于设置右表的连接列
left_index	如果值设置为 True，则使用左表的行索引作为连接键
right_index	如果值设置为 True，则使用右表的行索引作为连接键
sort	用于设置合并数据后是否排序，默认为 True
suffixes	用于修改重复列名，默认在左表的重复列名后追加_x，在右表的重复列名后追加_y

（1）内连接

内连接（inner）是 merge()函数的默认连接方式，表示同时将左、右连接对象作为参考对象，根据相同的列将左表和右表连接起来，结果中包含连接键的交集。

例 7-33　内连接 1。

```
#以 product 为左表、sale 为右表进行内连接，左表键为 ID，右表键为商品 ID
pd.merge(product,sale,left_on='ID',right_on='商品 ID')
```

程序运行结果如图 7-16 所示。

	ID_x	名称	价格	类型	库存量	ID_y	商品ID	销售日期	数量
0	001	苹果	4.99	水果	20	1	001	2024-07-01	2
1	001	苹果	4.99	水果	20	3	001	2024-07-02	1
2	002	香皂	10.50	日用品	50	2	002	2024-07-01	1
3	002	香皂	10.50	日用品	50	4	002	2024-07-03	1
4	003	牛奶	3.50	食品	10	1	003	2024-07-01	3
...	...	...	...	...	...	...	...	...	...
15	008	洗衣液	34.90	日用品	15	6	008	2024-07-03	6
16	009	保鲜袋	8.90	日用品	30	3	009	2024-07-02	2
17	009	保鲜袋	8.90	日用品	30	5	009	2024-07-03	2
18	010	钢笔	3.00	学习用品	55	2	010	2024-07-01	1
19	010	钢笔	3.00	学习用品	55	5	010	2024-07-03	2

20 rows × 9 columns

图 7-16　例 7-33 程序运行结果

例 7-34　内连接 2。

```
#修改 product 的 ID 列名称为"商品 ID"
product. rename({'ID':'商品 ID'}, axis=1, inplace=True)
#自动按相同的列进行内连接，结果中去除了多余的同名连接列
ps_inner=pd. merge(product, sale)
ps_inner
```

程序运行结果如图 7-17 所示。

	商品ID	名称	价格	类型	库存量	ID	销售日期	数量
0	001	苹果	4.99	水果	20	1	2024-07-01	2
1	001	苹果	4.99	水果	20	3	2024-07-02	1
2	002	香皂	10.50	日用品	50	2	2024-07-01	1
3	002	香皂	10.50	日用品	50	4	2024-07-03	1
4	003	牛奶	3.50	食品	10	1	2024-07-01	3
...	...	...	...	...	...	...	...	...
15	008	洗衣液	34.90	日用品	15	6	2024-07-03	6
16	009	保鲜袋	8.90	日用品	30	3	2024-07-02	2
17	009	保鲜袋	8.90	日用品	30	5	2024-07-03	2
18	010	钢笔	3.00	学习用品	55	2	2024-07-01	1
19	010	钢笔	3.00	学习用品	55	5	2024-07-03	2

20 rows × 8 columns

图 7-17　例 7-34 程序运行结果

（2）左连接

左连接（left）的结果中只包含左表的键，如果右表中不存在左键对应的值，相应的列就会填充为 NaN。例如例 7-35 中，商品 ID 为 007 的商品未出现在 sale 中，因此其销售信息使用 NaN 填充。

例 7-35　左连接。

```
ps_left=pd.merge(product,sale,how='left')
ps_left
```

程序运行结果如图 7-18 所示。

	商品ID	名称	价格	类型	库存量	ID	销售日期	数量
0	001	苹果	4.99	水果	20	1	2024-07-01	2
1	001	苹果	4.99	水果	20	3	2024-07-02	1
2	002	香皂	10.50	日用品	50	2	2024-07-01	1
3	002	香皂	10.50	日用品	50	4	2024-07-03	1
4	003	牛奶	3.50	食品	10	1	2024-07-01	3
5	003	牛奶	3.50	食品	10	4	2024-07-03	2
6	004	香蕉	6.40	水果	8	2	2024-07-01	3
7	004	香蕉	6.40	水果	8	3	2024-07-02	3
8	005	笔记本	8.00	学习用品	30	1	2024-07-01	2
9	005	笔记本	8.00	学习用品	30	2	2024-07-01	2
10	005	笔记本	8.00	学习用品	30	4	2024-07-03	4
11	006	辣条	2.50	食品	15	3	2024-07-02	2
12	006	辣条	2.50	食品	15	7	2024-07-03	3
13	006	辣条	2.50	食品	15	7	2024-07-03	3
14	007	菠萝	18.50	水果	20	NaN	NaN	NaN
15	008	洗衣液	34.90	日用品	15	3	2024-07-02	2
16	008	洗衣液	34.90	日用品	15	6	2024-07-03	6
17	009	保鲜袋	8.90	日用品	30	3	2024-07-02	2
18	009	保鲜袋	8.90	日用品	30	5	2024-07-03	2
19	010	钢笔	3.00	学习用品	55	2	2024-07-01	1
20	010	钢笔	3.00	学习用品	55	5	2024-07-03	2

图 7-18　例 7-35 程序运行结果

（3）右连接

右连接（right）的结果中只包含右表的键，如果左表中不存在右键对应的值，相应的列就会填充为 NaN。例如例 7-36 中，sale 中包含商品 ID 为 011 的商品销售信息，但该商品未出现在 product 中，因此其基本信息填充为 NaN。

例 7-36　右连接。

```
ps_right=pd.merge(product,sale,how='right')
ps_right
```

程序运行结果如图 7-19 所示。

（4）外连接

外连接（outer）的结果中包含左、右表键的并集。

例 7-37　外连接。

```
ps_outer=pd.merge(product,sale,how='outer')
ps_outer
```

程序运行结果如图 7-20 所示。

	商品ID	名称	价格	类型	库存量	ID	销售日期	数量
0	001	苹果	4.99	水果	20	1	2024-07-01	2
1	003	牛奶	3.50	食品	10	1	2024-07-01	3
2	005	笔记本	8.00	学习用品	30	1	2024-07-01	2
3	002	香皂	10.50	日用品	50	2	2024-07-01	1
4	004	香蕉	6.40	水果	8	2	2024-07-01	3
5	005	笔记本	8.00	学习用品	30	2	2024-07-01	2
6	010	钢笔	3.00	学习用品	55	2	2024-07-01	1
7	001	苹果	4.99	水果	20	3	2024-07-02	1
8	004	香蕉	6.40	水果	8	3	2024-07-02	3
9	008	洗衣液	34.90	日用品	15	3	2024-07-02	2
10	006	辣条	2.50	食品	15	3	2024-07-02	2
11	009	保鲜袋	8.90	日用品	30	3	2024-07-02	2
12	005	笔记本	8.00	学习用品	30	4	2024-07-03	4
13	002	香皂	10.50	日用品	50	4	2024-07-03	1
14	003	牛奶	3.50	食品	10	4	2024-07-03	2
15	010	钢笔	3.00	学习用品	55	5	2024-07-03	2
16	009	保鲜袋	8.90	日用品	30	5	2024-07-03	2
17	008	洗衣液	34.90	日用品	15	6	2024-07-03	6
18	011	NaN	NaN	NaN	NaN	7	2024-07-03	2
19	006	辣条	2.50	食品	15	7	2024-07-03	3
20	006	辣条	2.50	食品	15	7	2024-07-03	3

图 7-19　例 7-36 程序运行结果

	商品ID	名称	价格	类型	库存量	ID	销售日期	数量
0	001	苹果	4.99	水果	20	1	2024-07-01	2
1	001	苹果	4.99	水果	20	3	2024-07-02	1
2	002	香皂	10.50	日用品	50	2	2024-07-01	1
3	002	香皂	10.50	日用品	50	4	2024-07-03	1
4	003	牛奶	3.50	食品	10	1	2024-07-01	3
5	003	牛奶	3.50	食品	10	4.0	2024-07-03	2
6	004	香蕉	6.40	水果	8	2	2024-07-01	3
7	004	香蕉	6.40	水果	8	3	2024-07-02	3
8	005	笔记本	8.00	学习用品	30	1	2024-07-01	2
9	005	笔记本	8.00	学习用品	30	2	2024-07-01	2
10	005	笔记本	8.00	学习用品	30	4.0	2024-07-03	4
11	006	辣条	2.50	食品	15	3	2024-07-02	2
12	006	辣条	2.50	食品	15	7	2024-07-03	3
13	006	辣条	2.50	食品	15	7	2024-07-03	3
14	007	菠萝	18.50	水果	20	NaN	NaN	NaN
15	008	洗衣液	34.90	日用品	15	3	2024-07-02	2
16	008	洗衣液	34.90	日用品	15	6	2024-07-03	6
17	009	保鲜袋	8.90	日用品	30	3	2024-07-02	2
18	009	保鲜袋	8.90	日用品	30	5	2024-07-03	2
19	010	钢笔	3.00	学习用品	55	2	2024-07-01	1
20	010	钢笔	3.00	学习用品	55	5	2024-07-03	2
21	011	NaN	NaN	NaN	NaN	7	2024-07-03	2

图 7-20　例 7-37 程序运行结果

7.4.4　缺失值处理

在 DataFrame 中，缺失值通常使用 NaN（Not a Number）来表示。处理缺失值是数据清洗和预处理过程中的一个重要步骤。pandas 提供了多种函数来处理缺失值，包括检测缺失值、填充缺失值以及删除缺失值。

1.　检测缺失值

isnull()或 isna()函数都能返回一个与原 DataFrame 形状相同的布尔型 DataFrame，其中 True 表示缺失值，False 表示非缺失值。

2.　填充缺失值

fillna()函数用于填充缺失值，可以指定一个常量值、DataFrame、Series、字典或用于计算填充值的函数作为填充值。如果指定了字典，则可以使用不同的值来填充不同的列。另外，如果要修改原数据，则需要设置 inplace 参数为 True。

3.　删除缺失值

dropna()函数用于删除包含缺失值的行或列，其基本语法格式为：

```
DataFrame.dropna(axis=0, how='any', thresh=None, subset=None, inplace=False)
```

dropna()函数的常用参数如表 7-9 所示。

表 7-9　dropna()函数的常用参数

参数	说明
axis	用于设置删除的方向，axis=0 表示按行删除，axis=1 表示按列删除，默认为 0
how	用于设置删除的条件，any 表示只要一行/列中有一个缺失值就删除，而 all 则要求一行/列中的所有值都是缺失值才删除
thresh	用于设置保留至少含有多少个非空值的行
subset	用于设置要检查的行或列
inplace	默认为 False，指结果是一个新的 DataFrame。如果设置为 True，则直接在原始 DataFrame 上进行修改

> **例 7-38**　缺失值处理（本例使用例 7-37 合并生成的 ps_outer，该 DataFrame 包含 22 行数据，其中有两行包含缺失值，行号分别为 14 和 21）。
>
> ```
> #修改数量列的缺失值为100
> ps_outer['数量'].fillna(100, inplace=True)
> print(ps_outer.loc[[14]])
> #删除包含缺失值的行，剩余21行数据
> ps_outer.dropna(inplace=True)
> print('剩余行数：', len(ps_outer))
> ```
>
> 程序运行结果：
>
> | | 商品 ID | 名称 | 价格 | 类型 | 库存量 | ID | 销售日期 | 数量 |
> | --- | --- | --- | --- | --- | --- | --- | --- | --- |
> | 14 | 007 | 菠萝 | 18.50 | 水果 | 20 | NaN | NaN | 100 |
>
> 剩余行数：21

7.4.5　重复值处理

在数据预处理阶段，处理重复值也是一个常见的任务。利用 DataFrame 的 duplicated()函数可以判断是否有重复数据，即每一行是否与之前的行完全相同。如果有重复数据，则可以利用 drop_duplicates()函数删除重复的行。

例 7-39 检测重复值（本例使用例 7-34 合并生成的 ps_inner）。

```
print(ps_inner.duplicated())
```

程序运行结果：

```
0     False
1     False
2     False
3     False
4     False
5     False
6     False
7     False
8     False
9     False
10    False
11    False
12    False
13    True
14    False
15    False
16    False
17    False
18    False
19    False
dtype: bool
```

例 7-40 删除重复值。

```
ps_inner.drop_duplicates(inplace=True)
ps_inner
```

程序运行结果如图 7-21 所示。

	商品ID	名称	价格	类型	库存量	ID	销售日期	数量
0	001	苹果	4.99	水果	20	1	2024-07-01	2
1	001	苹果	4.99	水果	20	3	2024-07-02	1
2	002	香皂	10.50	日用品	50	2	2024-07-01	1
3	002	香皂	10.50	日用品	50	4	2024-07-03	1
4	003	牛奶	3.50	食品	10	1	2024-07-01	3
5	003	牛奶	3.50	食品	10	4	2024-07-03	2
6	004	香蕉	6.40	水果	8	2	2024-07-01	3
7	004	香蕉	6.40	水果	8	3	2024-07-02	3
8	005	笔记本	8.00	学习用品	30	1	2024-07-01	2
9	005	笔记本	8.00	学习用品	30	2	2024-07-01	2
10	005	笔记本	8.00	学习用品	30	4	2024-07-03	4
11	006	辣条	2.50	食品	15	3	2024-07-02	2
12	006	辣条	2.50	食品	15	7	2024-07-03	3
14	008	洗衣液	34.90	日用品	15	3	2024-07-02	2
15	008	洗衣液	34.90	日用品	15	6	2024-07-03	6

图 7-21 例 7-40 程序运行结果

在处理重复值时，重要的是要根据数据的特性和分析的目的来选择合适的方法。在某些情况下，删除重复项可能是必要的，但在其他情况下，可能需要保留重复项并对其进行进一步的分析或处理。

7.5 数据分组统计

DataFrame 的分组统计允许用户根据一个或多个列的值将数据分组成子集，并对每个子集进行统计运算。这种操作在处理和分析具有层次结构的数据或分类数据时特别有用，比如销售数据按地区和产品分类、客户数据按年龄和性别分组等。本节将介绍数据的描述性统计、分组统计的实现，使用的数据 frame 是例 7-40 处理后的 ps_inner 的备份。

7.5.1 数据的描述性统计

在进行分组统计前，可以使用 DataFrame 的描述性统计函数 describe() 快速了解数据的基本统计特征，如中心趋势、分散程度等。默认情况下，describe() 函数会计算数值型列的计数（count）、均值（mean）、标准差（std）、最小值（min）、四分位数（25%、50%、75%）和最大值（max）。如从例 7-41 的程序运行结果中可以看出，价格的平均值约为 9.125，标准差约为 9.46，最小值为 2.5，最大值为 34.9。对于非数值型列，describe() 函数则会计算唯一值（unique）、众数（top）和频数（freq）。

> **例 7-41** 数据描述性统计。
>
> ```
> frame=ps_inner.copy()
> #数据描述性统计
> frame.describe()
> ```

程序运行结果如图 7-22 所示。

	价格	库存量	ID	数量
count	19.000000	19.000000	19.000000	19.000000
mean	9.125263	26.105263	3.210526	2.315789
std	9.461977	16.037784	1.685854	1.204281
min	2.500000	8.000000	1.000000	1.000000
25%	3.500000	15.000000	2.000000	2.000000
50%	6.400000	20.000000	3.000000	2.000000
75%	8.900000	30.000000	4.000000	3.000000
max	34.900000	55.000000	7.000000	6.000000

图 7-22 例 7-41 程序运行结果

7.5.2 常用聚合函数

聚合函数也称多行函数或组合函数，能够对一组值进行计算，并返回一个值。pandas 中常用的聚合函数如表 7-10 所示。

表 7-10　pandas 中常用的聚合函数

函数	说明
sum()	计算一组数据值的总和
count()	计算非空值的数量
mean()	计算一组数据值的平均值
max()	返回一组数据值的最大值
min()	返回一组数据值的最小值
std()	计算一组数据值的标准差
var()	计算一组数据值的方差
median()	计算一组数据值的中位数
prod()	计算一组数据值的乘积
first()	返回序列的第一个元素
last()	返回序列的最后一个元素
nunique()	返回序列中唯一值的数量

例 7-42　聚合函数的应用。

```
#计算售出的总数量，即数量列的总和
print('售出总量: ', frame['数量'].sum())
#返回价格的平均值
print('商品平均价格: ', frame.loc[:, '价格'].mean())
#返回库存量的最大值
print('最大库存量: ', frame.iloc[:, 4].max())
#计算记录数
print('记录数量: ', frame['商品ID'].count())
#计算该 DataFrame 中的商品数量，即不重复的商品 ID 数量总和
print('商品数量: ', frame['商品ID'].nunique())
#查询单次售出最多的记录,即数量等于数量最大值的商品
print('单次售出最多的记录: \n', frame[frame['数量']==frame['数量'].max()])
#查询价格高于商品平均价格的日用品售出记录
print(frame[(frame['类型']=='日用品')&(frame['价格']>frame['价格'].mean())])
```

程序运行结果:

售出总量: 44
商品平均价格: 9.125263157894738
最大库存量: 55
记录数量: 19
商品数量: 9
单次售出最多的记录:

	商品ID	名称	价格	类型	库存量	ID	销售日期	数量
15	008	洗衣液	34.90	日用品	15	6	2024-07-03	6
	商品ID	名称	价格	类型	库存量	ID	销售日期	数量
2	002	香皂	10.50	日用品	50	2	2024-07-01	1
3	002	香皂	10.50	日用品	50	4	2024-07-03	1
14	008	洗衣液	34.90	日用品	15	3	2024-07-02	2
15	008	洗衣液	34.90	日用品	15	6	2024-07-03	6

7.5.3　数据的分组聚合

数据分组聚合的核心方法是先进行分组，然后对每个分组应用聚合函数，基本步骤如下。

（1）确定组依据：首先，需要确定根据哪些列的值来分组，这些列将作为分组的"键"，决定了数据如何被划分成不同的子集。

（2）确定聚合函数：一旦数据被分组，就可以对每个分组应用聚合函数来计算统计量，这些聚合函数可以是 7.5.2 节中介绍的内置聚合函数，如 sum()、mean()、min()、max()、count() 等，也可以是自定义的函数。

（3）执行分组统计：使用 groupby() 函数选择分组依据，并通过链式操作调用聚合函数来执行分组统计。

1. groupby()函数

在 pandas 中，数据分组使用 groupby() 函数，它能根据一个或多个键将 DataFrame 分成不同的组。分组的过程就是将原有的 DataFrame 按照键的值，划分为若干个分组 DataFrame，被分为多少个组就有多少个子 DataFrame。因此，groupby() 函数得到一个 GroupBy 对象，并没有进行实际运算，只是包含分组后的中间数据。groupby() 的基本语法格式为：

DataFrame.groupby(by=None, axis=0, as_index=True, sort=True, dropna=True)

groupby() 函数的常用参数如表 7-11 所示。

表 7-11　groupby()函数的常用参数

参数	说明
by	用于设置要分组的列名
axis	用于设置对行还是对列进行分组，默认为 0，即对行分组
as_index	对于分组输出，返回分组标签作为索引的对象
sort	判断是否对分组后的数据进行排序
dropna	当分组键包含 NaN 时，判断是否把包含 NaN 的分组键以及对应的值删除

例 7-43　数据分组。

```
#按类型分组，查看分组情况
gs1=frame.groupby('类型')
print('按类型分组: \n',gs1.groups)
#按销售日期和类型分组，查看分组情况
gs2=frame.groupby(['销售日期','类型'])
print('按销售日期和类型分组: \n',gs2.groups)
```

程序运行结果：

按类型分组：
　{'学习用品': [8, 9, 10, 18, 19], '日用品': [2, 3, 14, 15, 16, 17], '水果': [0, 1, 6, 7], '食品': [4, 5, 11, 12]}

按销售日期和类型分组：
　{(2024-07-01 00:00:00, '学习用品'): [8, 9, 18], (2024-07-01 00:00:00, '日用品'): [2], (2024-07-01 00:00:00, '水果'): [0, 6], (2024-07-01 00:00:00, '食品'): [4], (2024-07-02 00:00:00, '日用品'): [14, 16], (2024-07-02 00:00:00, '水果'): [1, 7], (2024-07-02 00:00:00, '食品'): [11], (2024-07-03 00:00:00, '学习用品'): [10, 19], (2024-07-03 00:00:00, '日用品'): [3, 15, 17], (2024-07-03 00:00:00, '食品'): [5, 12]}

虽然groupby()本身不是一个聚合函数,但它与聚合函数结合使用时非常强大,可以在groupby()返回的分组调用聚合函数。

例7-44 所有列的分组聚合。

```
#对gs1分组结果应用count()
gs1.count()
```

程序运行结果如图7-23所示。

类型	商品ID	名称	价格	库存量	ID	销售日期	数量
学习用品	5	5	5	5	5	5	5
日用品	6	6	6	6	6	6	6
水果	4	4	4	4	4	4	4
食品	4	4	4	4	4	4	4

图7-23 例7-44程序运行结果

如果统计只针对单列进行,可以选择相关列进行操作,如frame['价格'].groupby(frame['类型']).min()能按类型分组、求价格的最小值,即查询各类商品的最低价格,该语句也可写为 frame.groupby('类型')['价格'].min()。选择多列统计时,列名应该放在列表中,如frame.groupby('类型')[['价格','数量']].min()可查询各类商品的最低价格和最小售出数量。

例7-45 分组聚合应用。

```
#查询各类商品的最低价格,即按类型分组,对价格进行求最小值运算
print('各类商品的最低价格: \n',frame['价格'].groupby(frame['类型']).min())
print('-'*50)
#查询每天的销售额,即按销售日期分组,对小计(新增列,为价格×数量)进行求和运算
frame['小计']=frame['价格']*frame['数量']
print('每天的销售额: \n',frame.groupby('销售日期')[['小计']].sum())
print('-'*50)
#查询每天各类商品的最高销售额,即按销售日期和类型分组,对小计和数量求最大值
print('每天各类商品的最高销售额: \n',
        frame.groupby(['销售日期','类型'])[['小计','数量']].max())
print('-'*50)
#查询最畅销的两种商品,即按名称分组,求出数量的和后降序排列,再显示前两项
print('最畅销的两种商品: \n',frame['数量'].
        groupby(frame['名称']).sum().sort_values(ascending=False).head(2))
print('-'*50)
#计算每类商品售出的次数,即按类型分组,对类型列进行计数运算
print('每类商品的售出次数: \n',frame[['类型']].
        groupby(frame['类型']).count().rename({'类型':'售出次数'},axis=1))
```

程序运行结果如图7-24所示。

```
各类商品的最低价格:
 类型
学习用品    3.00
日用品      8.90
水果        4.99
食品        2.50
Name: 价格, dtype: float64
```

```
每天的销售额:
                小计
销售日期
2024-07-01     85.18
2024-07-02    116.79
2024-07-03    290.20
```

```
每天各类商品的最高销售额:
                        小计      数量
销售日期      类型
2024-07-01 学习用品    16.00      2
           日用品      10.50      1
           水果        19.20      3
           食品        10.50      3
2024-07-02 日用品      69.80      2
           水果        19.20      3
           食品         5.00      2
2024-07-03 学习用品    32.00      4
           日用品     209.40      6
           食品         7.50      3
```

```
最畅销的两种商品:
 名称
洗衣液    8
笔记本    8
Name: 数量, dtype: int64
```

```
每类商品的售出次数:
            售出次数
类型
学习用品      5
日用品        6
水果          4
食品          4
```

图 7-24 例 7-45 程序运行结果

2. agg()函数

之前的例子中,虽然在分组对象上定义了很多函数,但无法同时使用多个函数,无法在特定的列上使用特定的函数,也无法使用自定义的聚合函数,而使用 agg() 函数可以轻松解决以上的问题。

例 7-46 agg()函数的使用。

```python
#对同一列同时使用多个聚合函数,将函数放入列表,传入 agg()函数
#查询每天的销售额的和、平均值、最小值、最大值,保留两位小数
print(frame.groupby('销售日期')[['小计']].
      agg(['sum','mean','max','min']).round(2))
print('-'*50)
#对不同的列使用不同的聚合函数,通过构造字典定义列与聚合函数的对应关系
#查询每天的销售额的和,每天的销售数量的和以及最大值
print(frame.groupby('销售日期')[['小计','数量']].
      agg({'小计':'sum','数量':['sum','max']}))
print('-'*50)


#自定义函数 myfunc(),返回最大值与最小值之差
def myfunc(x):
    return x.max()-x.min()
```

```
#查询每类商品的最高价格与最低价格之差
print(frame.groupby('类型')['价格'].agg(myfunc))
```

程序运行结果：

```
           小计
           sum     mean    max     min
销售日期
2024-07-01 85.18   12.17   19.2    3.00
2024-07-02 116.79  23.36   69.8    4.99
2024-07-03 290.20  41.46   209.4   6.00
_____

           小计             数量
           sum     sum     max
销售日期
2024-07-01 85.18   14      3
2024-07-02 116.79  10      3
2024-07-03 290.20  20      6
_____

类型
学习用品    5.00
日用品      26.00
水果        1.41
食品        1.00
Name: 价格, dtype: float64
```

7.6 创建透视表和交叉表

在 pandas 中，透视表和交叉表都是用于数据汇总、重组和分析的强大工具。本节将介绍透视表和交叉表的创建。

7.6.1 创建透视表

透视表可以根据一个或多个键对数据进行分组，并对分组后的数据进行聚合计算。

透视表可以通过 pandas 的 pivot_table() 函数来创建，其基本语法格式为：

pandas.pivot_table(data, values=None, index=None, columns=None, aggfunc='mean', fill_value=None, margins=False, dropna=True, margins_name='All')

pivot_table() 函数的常用参数如表 7-12 所示。

表 7-12　pivot_table()函数的常用参数

参数	说明
data	用于设置要操作的 DataFrame
values	用于设置要聚合的列名或列名列表
index	用于设置行分组索引
columns	用于设置列分组索引

续表

参数	说明
aggfunc	聚合函数，用于设置进行数据计算的聚合函数或函数列表
fill_value	用于替换缺失值的值
margins	用于设置是否添加行和列的小计（也称为"全边"），默认为 False，表示不添加
dropna	当某一列所有值都是 NaN 时，该参数决定是否删除该列，默认为 True，表示删除
margins_name	当 margins=True 时，设置 margins 行和列的名称，默认的名称为 All

例 7-47　创建透视表统计每天各种产品的销售额。

```
#行上使用销售日期分组，列上使用名称分组，对小计进行求和运算
pt1=pd.pivot_table(frame,values='小计',index='销售日期'
          ,columns='名称',aggfunc='sum')
pt1
```

程序运行结果如图 7-25 所示。

名称 销售日期	保鲜袋	洗衣液	牛奶	笔记本	苹果	辣条	钢笔	香皂	香蕉
2024-07-01	NaN	NaN	10.5	32.0	9.98	NaN	3.0	10.5	19.2
2024-07-02	17.8	69.8	NaN	NaN	4.99	5.0	NaN	NaN	19.2
2024-07-03	17.8	209.4	7.0	32.0	NaN	7.5	6.0	10.5	NaN

图 7-25　每天各种产品的销售额

例 7-48　创建透视表统计每天各类产品的销售额，以及销售数量的最大值。

```
#行上使用销售日期分组，列上使用类型分组，对小计进行求和运算，对数量求最大值
pt2=pd.pivot_table(frame,values=['小计','数量'],index='销售日期',
          columns='类型',aggfunc={'小计':'sum','数量':'max'})
pt2
```

程序运行结果如图 7-26 所示。

| | 小计 | | | | 数量 | | | |
类型 销售日期	学习用品	日用品	水果	食品	学习用品	日用品	水果	食品
2024-07-01	35.0	10.5	29.18	10.5	2.0	1.0	3.0	3.0
2024-07-02	NaN	87.6	24.19	5.0	NaN	2.0	3.0	2.0
2024-07-03	38.0	237.7	NaN	14.5	4.0	6.0	NaN	3.0

图 7-26　每天各类产品的销售额以及最高销售数量

7.6.2　创建交叉表

交叉表是用于计算两个（或多个）变量的频率表，也就是一个列联表（contingency table）。crosstab()函数是 pandas 中的一个便捷函数，用于创建交叉表。其基本语法格式为：

133

```
pandas.crosstab(index, columns, values=None, aggfunc='count', margins=False, margins_name='All')
```

crosstab()函数的常用参数如表 7-13 所示。

表 7-13　crosstab()函数的常用参数

参数	说明
index	用于设置行分组索引
columns	用于设置列分组索引
values	用于设置要聚合的列名或列名列表
aggfunc	聚合函数，用于设置进行数据计算的聚合函数或函数列表，默认为 count
margins	用于设置是否添加行和列的小计，默认为 False，表示不添加
margins_name	当 margins=True 时，设置 margins 行和列的名称，默认的名称为 All

例 7-49　创建交叉表。

```
#统计每天每类商品的售出次数
#以销售日期为行分组索引，类型为列分组索引，显示出总计，并改名为总计次数
ct=pd.crosstab(frame['销售日期'],frame['类型'],margins=True,
            margins_name='总计次数')
ct
```

程序运行结果如图 7-27 所示。

类型	学习用品	日用品	水果	食品	总计次数
销售日期					
2024-07-01 00:00:00	3	1	2	1	7
2024-07-02 00:00:00	0	2	2	1	5
2024-07-03 00:00:00	2	3	0	2	7
总计次数	5	6	4	4	19

图 7-27　例 7-49 程序运行结果

透视表和交叉表在某些方面功能相似，但在使用场景和灵活性上有所不同，具体表现为以下几方面。

（1）灵活性。透视表比交叉表更加灵活，因为它允许指定多个行索引和列索引，并且可以进行复杂的聚合计算。

（2）用途。交叉表更适用于简单的分类数据汇总，尤其是想要快速生成一个列联表时；而透视表则更适用于需要复杂数据重组和聚合计算的场景。

（3）默认行为。如果不指定 values 和 aggfunc 参数，交叉表默认计算频率，而透视表会报错，因为它需要知道要聚合的列和聚合函数。

因此在选择使用透视表还是交叉表时，应该根据具体需求和数据的特点来决定。

思维导图

本章思维导图如图 7-28 所示。

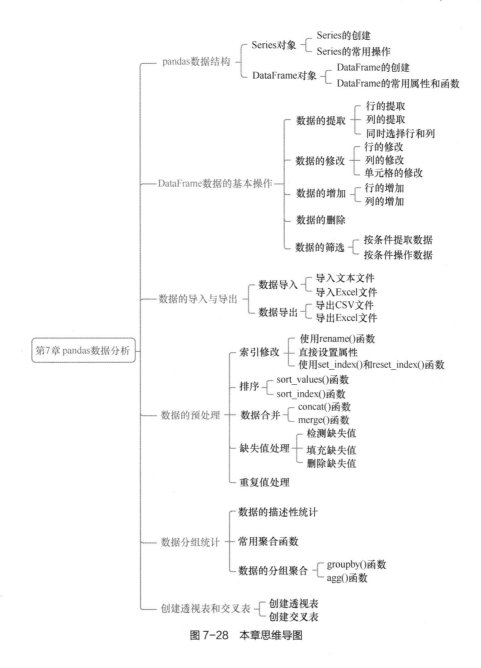

图 7-28　本章思维导图

课后习题

一、选择题

1. 以下关于 DataFrame 的说法中，不正确的是（　　　）。

A．DataFrame 是一种表格型的数据结构

B．DataFrame 含有一组有序的列，每列可以是不同的数据类型

C．DataFrame 既有行索引，又有列索引

D．DataFrame 只有列索引可以自定义，行索引为自动生成的整数索引

2.（　　）属性可以用来获取 Series 的索引。

  A．index   B．value   C．columns   D．keys

3．pandas 提供了对各种格式数据文件的访问函数，但不能读取（　　）文件。

  A．Excel   B．TXT   C．CSV   D．EXE

4．以下的函数中，（　　）不能用于合并数据。

  A．merge()   B．concat()   C．apply()   D．join()

5．pandas 使用（　　）函数去除重复数据。

  A．drop()   B．delete()

  C．drop_duplicates()   D．delete_duplicates()

6．假设有一个 DataFrame df，其中包含多列，以下（　　）语句能用于选取列名为 A 和 B 的两列。

  A．df['A', 'B']   B．df[['A', 'B']]

  C．df.loc['A', 'B']   D．df.loc[['A', 'B']]

7．假设有一个 DataFrame df，以下（　　）语句可以用来选取第 3 行。

  A．df.head(3) B．df[0:2] C．df.loc[2] D．df.iloc[2]

8．以下语句中，（　　）可以选择 df 中行索引从 i1 至 i3、列索引从 c1 至 c3 的矩形区域。

  A．df.iloc[c1:c3, i1:i3]   B．df.iloc[i1:i3, c1:c3]

  C．df.loc[c1:c3, i1:i3]   D．df.loc[i1:i3, c1:c3]

9．df1 和 df2 是结构相同的 DataFrame，以下（　　）语句可以实现 df1 和 df2 的纵向拼接。

  A．result=df1._append(df2)   B．result=df1.merge(df2)

  C．result=df1.concat(df2)   D．result=pd.merge(df1, df2)

10．下列（　　）语句可以从 df 中筛选出 age 大于 30 的女性。

  A．df.loc[df['age']>30 & df['gender']=='女']

  B．df.loc[(df['age']>30) | (df['gender'] == '女')]

  C．df.loc[(df['age']>30) & (df['gender']=='女')]

  D．df.loc[(df['age']>30) and (df['gender'] == '女')]

二、判断题

1．DataFrame 默认带有索引，且默认索引是从 1 开始的整数序列。（　　）

2．交叉表是一种特殊的透视表，主要用于计算分组频率。（　　）

3．pandas.merge()函数合并数据时默认采用外连接方式。（　　）

4．describe()函数可以一次性输出多个统计指标。（　　）

5．DataFrame 支持使用 agg()函数对指定列进行聚合，并且允许不同列使用不同的聚合函数。（　　）

三、填空题

1．pandas 提供了两种高效的数据结构进行数据分析，即＿＿＿＿＿＿和＿＿＿＿＿＿。

2．导入 pandas 库并取别名为 pd 的代码为：＿＿＿＿＿＿＿＿＿＿＿。

3．在 DataFrame 中删除数据时，通过参数＿＿＿＿＿确定删除的是行还是列。

4．pandas 允许用户使用＿＿＿＿函数将某列设置为新索引，使用＿＿＿＿函数还原索引列。

5．在 drop()函数中，inplace 参数的含义是＿＿＿＿＿＿＿＿＿。

四、简答题

1．如何创建一个 DataFrame？

2．如何导入和导出 Excel 文件？

3．要组合两个 DataFrame，可以用哪些函数？

4．可以使用哪些函数对 DataFrame 进行排序？

5．在数据预处理阶段，pandas 提供了哪些函数对缺失值进行处理？可能对分析结果产生何种影响？

章节实训

一、实训内容

利用 pandas 分析和处理员工工资信息。

二、实训目标

1．掌握 pandas 库的基本操作，包括 DataFrame 的创建、读取等。

2．熟练使用 pandas 进行数据清洗，包括处理缺失值、重复值等。

3．熟练进行数据的筛选、排序、分组及聚合等操作。

4．学习并应用 pandas 进行数据合并、连接等高级操作。

5．通过实际案例，提升解决实际数据分析问题的能力。

三、实训思路

1．导入 pandas 库，进行基本配置。

2．根据需要创建 DataFrame，保存员工工资信息，可包含员工 ID、姓名、性别、部门、应发工资、应扣款等内容。

3．使用相关函数查找缺失值、重复值，并对缺失值和重复值进行处理。

4．使用相关函数对员工工资信息进行提取、条件查询、排序、分组聚合等。

5．利用数据合并、连接函数生成结果数据，并将数据导出为外部文件。

第 8 章
Python 时间序列分析

学习目标

认识时间信息的常用表示方法，掌握不同表示方法之间的相互转换；掌握不同时间单位信息的获取方法；理解时间信息在数据分析中的重要性；理解在数据分析中时间信息作为分析对象和分析依据的不同；掌握时间信息在数据分析中的应用，认识到时间序列分析的价值。

本章导读

时间序列分析的价值

时间在各种数据分析中是一种重要的分析对象和分析依据。时间序列数据是一系列随时间间隔收集的数据，记录了一个或多个变量随时间的变化趋势，如股票价格、人口数量、气温、交通流量、销售额等。随着大数据、物联网、人工智能等新兴技术的兴起，时间序列数据广泛存在于各个领域，如工业控制、农业、股票市场、气象、经济、人口统计、电子商务、网络流量、物联网、外汇交易等。时间序列数据的典型特点是产生频率快、严重依赖于采集时间等。时间序列分析是一种分析时间序列数据的特定方法。时间序列分析的目标是找出时间序列数据中的模式、趋势，以及进行未来趋势预测、异常检测、决策制定等。无论是哪种应用环境中的时间序列数据，都可以通过对它的分析做出更明智的决策。

但是，在 Python 程序中应如何对时间序列数据进行处理和分析呢？

时间序列分析的历史可以追溯到 19 世纪末的英国，当时的经济学家和统计学家开始研究经济数据的时间变化。随着计算机技术的发展，时间序列分析的方法和技术也不断发展和进步。现在，时间序列分析已成为数据科学中的一个重要领域，在各个行业和领域都有广泛的应用。

pandas 可以处理众多的数据类型，其中非常有趣和重要的数据类型就是时间序列数据。不同的应用环境和不同的需求下，时间的表示形式以及需要的格式都是不同的，需要在时间序列分析前实现不同时间格式的转换，同时需要根据分析的目标进行合理的程序设计。

8.1 时间获取

Python 标准库中内置有 3 个与时间处理相关的库，即 time、datetime 和 calendar 库。time

库用于操作时间，提供了许多函数以实现获取当前时间、将时间戳与日期值互相转换等功能，还提供了基本的解析和字符串格式化工具。datetime 库用于操作日期和时间，包含一些函数和类，提供了许多函数来获取、处理、格式化日期和时间信息。calendar 库用于创建和操作日期，提供了许多函数来操作日期，如查找某个月份的天数、某个日期是星期几等。calendar 库中常用的函数是 month()，它可以输出指定月份的日历。本章着重介绍 datetime 库。

1. datetime 库概述

Python 的 datetime 库提供了一套强大而灵活的工具，使得处理日期和时间变得轻松而高效。datetime 库以类的方式提供多种日期和时间表示方式。datetime 库中主要的类如表 8-1 所示。

表 8-1　datetime 库中主要的类

类	说明
date	日期表示类，可以表示年、月、日等
time	时间表示类，可以表示小时、分钟、秒、毫秒等
datetime	日期和时间表示类，功能覆盖 date 和 time 类
timedelta	与时间间隔有关的类，可以表示两个日期或时间的时间间隔
tzinfo	与时区有关的信息的表示类

本章着重介绍 datetime 类及其应用。datetime 类提供了多种函数和属性，以便对日期和时间进行各种操作，如时间获取、时间格式化、计算日期和时间差等。下面列举了 datetime 类的常用函数、datetime 对象的常用属性和函数，如表 8-2、表 8-3 和表 8-4 所示。

表 8-2　datetime 类的常用函数

函数	说明
today()	返回 datetime 对象，表示当前日期和时间
now(tz=None)	返回 datetime 对象，表示当前地方的日期和时间。可选参数 tz 表示时区值，如果 tz 为 None 或未指定，这就类似于 today()
combine(date, time, tzinfo=time.tzinfo)	返回一个新的 datetime 对象，其日期部分等于给定的 date 对象的值，其时间部分等于给定的 time 对象的值
strptime(date_string, format)	将时间字符串解析为 datetime 对象。返回一个对应于时间字符串 date_string，根据格式化字符串 format 进行解析的 datetime 对象
fromisoformat(date_string)	返回一个以有效的 ISO 8601 格式给出的对应于时间字符串 date_string 的 datetime 对象
fromtimestamp(timestamp)	返回参数表示的时间戳对应的 datetime 对象，即得到时间戳对应的标准格式的时间

表 8-3　datetime 对象的常用属性

属性	说明
someday.min	固定返回 datetime 的最小时间对象，即 datetime(1, 1, 1, 0, 0)
someday.max	固定返回 datetime 的最大时间对象，即 datetime(9999, 12, 31, 59, 59, 999999)

属性	说明
someday.year	返回 someday 的年份
someday.month	返回 someday 的月份
someday.day	返回 someday 的日期
someday.hour	返回 someday 的小时
someday.minute	返回 someday 的分值
someday.second	返回 someday 的秒值
someday.microsecond	返回 someday 的微秒值

表 8-4 datetime 对象的常用函数

函数	说明
someday.date()	返回日期部分，即返回具有同样 year、month 和 day 的 date 对象
someday.time()	返回时间部分，即返回具有同样 hour、minute、second 和 microsecond 的 time 对象
someday.weekday()	返回一个整数，代表星期几。其中星期一为 0，星期日为 6
someday.isoweekday()	返回一个整数，代表星期几。其中星期一为 1，星期日为 7
someday.strftime(format)	将 datetime 对象格式化为字符串。返回一个由显式格式字符串所控制的、代表日期和时间的字符串。其中参数 format 代表格式字符串
someday.isocalendar()	返回将给定日期表示为 ISO 8601 格式的元组，包含 year、week 和 weekday
someday.timestamp()	返回一个浮点数，表示 datetime 对象对应的时间戳

表 8-3 和表 8-4 中的 someday 表示 datetime 对象。

2. 获取当前时间

在实际应用中，经常需要获取当前时间。所谓当前时间，是指当前运行代码的计算机系统的时间，可以通过专门的函数来获取当前时间，也可以使用 datetime 类的 now() 函数获取当前日期和时间。

例 8-1 获取当前时间。
方法一：
```
from datetime import datetime        #导入 datetime 库的 datetime 类
print(datetime.now())
```
方法二：
```
import datetime        #导入 datetime 库
print(datetime.datetime.now())
```
程序运行结果：
2024-07-17 20:21:29.400903

上述代码中，通过使用 datetime 类的 now() 函数获得了当前计算机系统时间，该结果为 datetime 类型。其中的时间信息包括年（year）、月（month）、日（day）、小时（hour）、分钟（minute）、秒（second）、微秒（microsecond）。输出结果表示例 8-1 中代码运行时的系统时间为 2024 年 7 月 17

日 20 时 21 分 29 秒 400903 微秒。

3. 获取特定时间信息

如果得到了 datetime 类型的时间信息，就可以通过该类型的属性来获取特定的时间信息。datetime 对象的常用属性见表 8-3。

例 8-2　分别获取当前时间的年份、月份、小时、分钟信息。

```
from datetime import datetime
print(datetime.now())              #获取当前时间并输出
print(datetime.now().year)         #获取当前时间的年份信息并输出
print(datetime.now().month)        #获取当前时间的月份信息并输出
print(datetime.now().hour)         #获取当前时间的小时信息并输出
print(datetime.now().minute)       #获取当前时间的分钟信息并输出
```

程序运行结果：

```
2024-07-17 20:21:29.400903
2024
7
20
21
```

在上述代码中，首先使用 now() 函数获取了当前时间，然后分别使用 datetime 对象的 year、month、hour 和 minute 属性获取了该时间的年份、月份、小时、分钟等时间单位信息。

既然 datetime 对象包含日期和时间两种信息，那么可以使用 datetime 对象的 date() 和 time() 函数分别得到特定时间的日期和时间信息。

例 8-3　分别得到当前时间的日期和时间信息。

```
from datetime import datetime
now=datetime.now()   #获取当前时间，为 datetime 对象
print(now)
print(now.date())    #获得该对象的日期并输出
print(now.time())    #获得该对象的时间并输出
```

程序运行结果：

```
2024-07-17 20:21:29.400903
2024-07-17
20:21:29.400903
```

另外，使用 datetime 类的 datetime() 函数，可以通过指定特定的年、月、日、时、分、秒等时间单位信息，生成一个特定的 datetime 类型的时间。该函数的返回值为 datetime 对象。

datetime() 函数的语法格式：datetime(year, month, day, hour=0, minute=0, second=0, microsecond=0)。

参数说明如下。

- year：指定的年份，4 位数，取值范围是 1～9999 的整数，例如 2021。
- month：指定的月份，取值范围是 1～12 的整数。
- day：指定的日期，取值范围是 1～31 的整数。
- hour：指定的小时，取值范围是 0～23 的整数。

- minute：指定的分钟，取值范围是 0～59 的整数。
- second：指定的秒，取值范围是 0～59 的整数。
- microsecond：指定的微秒，取值范围是 0～999999 的整数。

正常使用此函数需要至少 3 个参数值。

例 8-4 获取特定时间。

```
from datetime import datetime
print(datetime(2024, 1, 1, 9, 30, 0))
```

程序运行结果：

```
2024-01-01 09:30:00
```

上述代码通过指定 datetime() 函数的参数确定时间为 2024 年 1 月 1 日 9 时 30 分 0 秒，得到该特定时间的 datetime 对象。

4. 时间的计算

datetime 对象也能进行运算，方法是将 datetime 类和 timedelta 类结合来处理时间间隔的问题。使用 timedelta 类可以轻松地对日期进行加减运算，实现日期的前后推移。时间的计算包括计算某个时间之前或之后的某个时间、计算两个时间的间隔、比较日期的大小等，如表 8-5 所示。

表 8-5　时间的计算

计算项目	说明
someday2=someday1+tdelta	如果 tdelta.days>0，则在时间线上前进； 如果 tdelta.days<0，则在时间线上后退
someday2=someday1-tdelta	如果 tdelta.days>0，则在时间线上后退； 如果 tdelta.days<0，则在时间线上前进
tdelta=someday1-someday2	计算两个时间的间隔。两个时间均为同种类型的对象，否则将会引发 TypeError 异常
someday1==someday2	判断两个时间是否相等
someday1!=someday2	判断两个时间是否不相等
someday1<someday2	进行两个时间大小的比较，判断日期的先后顺序
someday1>someday2	
someday1<=someday2	
someday1>=someday2	

表 8-5 中，someday1 和 someday2 是 datetime 对象，表示某一特定的时间；tdelta 是 timedelta 类型的对象，表示一个时间间隔。

运用 timedelta() 函数可以创建 timedelta 对象，其语法格式如下：

```
timedelta(days=0, seconds=0, microseconds=0, milliseconds=0, minutes=0, hours=0, weeks=0)
```

该函数会返回一个 timedelta 对象，表示两个时间的间隔。

各个参数分别表示两个时间间隔的天数、秒数、微秒数、毫秒数、分钟数、小时数和周数，可以为正数，也可以为负数。

表 8-5 中，两个 datetime 对象相减得出的结果就是一个 timedelta 类型的对象。timedelta 类

型的对象具有 days、seconds、microseconds 等属性。

例 8-5 获取当前日期和时间，以及前一天的日期和时间。

```
from datetime import datetime
from datetime import timedelta     #导入 datetime 库的 timedelta 类
now=datetime. now ()
print (now)
yesterday=now+timedelta (days=-1)
#与当前日期间隔为-1 天，即计算前一天的日期和时间
print (yesterday)
```

程序运行结果：

```
2024-07-17  20:21:29. 400903
2024-07-16  20:21:29. 400903
```

在上述代码中，timedelta (days=-1) 表示在当前日期（days 属性值）上减一，得到前一天的日期和时间。需要注意的是，这里的日期减一并非简单的数值减一，对于月初的时间，会自动得到上个月的最后一天；对于年初的时间，会自动得到上一年的最后一天。

例 8-6 计算两个时间的间隔。

```
from datetime import datetime
from datetime import timedelta
time1=datetime (2024, 1, 1, 9, 30, 0)
time2=datetime (2024, 2, 4, 9, 10, 0)
print (time1-time2)
```

程序运行结果：

```
-34 days, 0:20:00
```

在上述代码中，使用 datetime () 函数生成了两个特定时间，并将两个时间相减，得到了两个时间的间隔为 34 天 20 分钟。负数表示 time1 的时间在 time2 的时间之前。

例 8-7 获取上个月第一天和最后一天的日期。

```
from datetime import datetime
from datetime import timedelta
today=datetime. now ()
print (today)
#计算上个月最后一天的日期和时间
mlast_day=datetime (today. year, today. month, 1)-timedelta (days=1)
print (mlast_day. date ())  #仅输出日期
mfirst_day=datetime (mlast_day. year, mlast_day. month, 1)  #计算上个月的第一天
print (mfirst_day. date ())
```

程序运行结果：

```
2024-07-21  23:27:48. 347603
2024-06-30
2024-06-01
```

在上述代码中，使用当前月的第一天减一天，得到上个月最后一天的日期和时间，使用 date () 仅保留日期；再由上个月最后一天的年、月，并设置 day 参数为 1，得到上个月第一天的日期和时间，

同样使用 date() 仅保留日期。

> **例 8-8**　计算指定日期当月最后一天的日期和当月天数。
>
> ```python
> from datetime import datetime
> from datetime import timedelta
> date=datetime(2024,5,23)
> print("指定日期: ",date)
> next_month=datetime(date.year,date.month+1,1) #计算指定日期当月的下个月的第一天
> mlast_day=datetime(next_month.year,next_month.month,1)-timedelta(days=1)
> #计算指定日期当月的最后一天
> print("指定日期当月的最后一天: ",mlast_day.date())
> print("指定日期当月的天数: ",mlast_day.day)      #当月最后一天的日子
> ```
>
> 程序运行结果:
>
> ```
> 指定日期: 2024-05-23 00:00:00
> 指定日期当月的最后一天: 2024-05-31
> 指定日期当月的天数: 31
> ```

在上述代码中,通过将指定日期当月的下个月的第一天减去一天,得到指定日期当月最后一天的日期,再使用 day 属性得到当月的天数。

8.2　时间的格式化

不同的国家和地区有不同的日期书写方式。例如,在一些国家和地区,日期通常表示为月-日-年,如 2024 年 11 月 2 日通常被写成 11-02-2024;而在另一些国家和地区,日期通常表示为日-月-年,如 2024 年 11 月 2 日通常被写成 02-11-2024。

在跨文化交流时,这种差异有可能造成理解上的偏差。为了避免沟通问题,国际标准化组织(International Organization for Standardization,ISO)制定了 ISO 8601 标准。此标准规定所有的日期都应该按照最高到最低有效数据的顺序来写,即标准格式为按照年、月、日、时、分和秒的顺序来写。在 Python 中,datetime 对象都是标准的时间格式。

在 Python 中,时间可以用不同的表示方法来表示。常用的时间表示方法有时间戳、时间元组和格式化的时间字符串。其中,时间元组是指一个包含年、月、日、时、分、秒等信息的元组。下面着重介绍时间戳和时间字符串。

8.2.1　时间戳

时间戳是一个表示日期和时间的数值,表示从 1970 年 1 月 1 日 0 时到当前时间点所经过的总秒数,这个值越大,说明离 1970 年初那个时间点越远。

时间戳有着广泛的应用,包括计时操作、日志记录、数据存储和处理、缓存控制、时间计算、定时任务和数据备份等。很多数据文件都采用时间戳来存储时间。

1. 时间戳的获取

获取时间戳在许多应用中都是至关重要的,在 Python 中,获取时间戳也是常见的任务。可以使用 time 库中的 time() 函数获取当前时间的时间戳。

例 8-9　获取当前时间的时间戳。

```
import time                       #导入 time 库
timestamp=time.time()            #获取当前时间的时间戳
print("当前时间的时间戳: ", timestamp)    #输出结果随运行程序的当前时间变化
```

程序运行结果：

当前时间的时间戳: 1721469498.7409275

2.　时间戳与标准格式时间的相互转换

为了便于后续对时间信息的处理，可以使用 datetime 库的 datetime 类的 fromtimestamp()
函数将时间戳转换成标准格式的时间。也可以使用 datetime 库中的 datetime.now()函数获取当前
时间，然后使用 datetime.timestamp()函数将其转换为时间戳。

例 8-10　时间戳与标准格式时间的相互转换。

```
#将时间戳转换为标准格式的时间
import time
from datetime import datetime
timestamp=time.time()
now=datetime.fromtimestamp(timestamp)        #将时间戳转换为 datetime 对象
print("当前时间: ", now)
#获取当前时间并将其转换为时间戳
now=datetime.now()
timestamp=datetime.timestamp(now)
print("当前时间的时间戳: ", timestamp)
```

程序运行结果：

当前时间: 2024-07-21 00:18:39.900219
当前时间的时间戳: 1721492319.900218

在例 8-10 中，将标准格式的时间转换为时间戳的方式也是获取时间戳的另一种方法。

8.2.2　时间字符串

日常生活中，对于时间的表示，更多的是使用字符串的形式，比如"2024-01-10""2024 年 1
月 10 日""2024/01/10"，有时还需要调整年、月、日的顺序。而在 Python 中通过 datetime 库
得到的时间是标准格式的时间，所以需要实现字符串表示的时间（简称时间字符串）与标准格式时间
的相互转换。

1.　将标准格式的时间转换为时间字符串

时间戳和 datetime 对象表示的时间都不是很友好可读。datetime 对象的 strftime()函数，以一
个格式化字符串作为参数，可以将标准格式的时间转换成指定格式的时间字符串。strftime()函数是
时间格式化非常有效的方法，几乎可以以任何通用的格式输出时间。其中 strftime()函数名中的 f 表
示 format。

例 8-11　获取当前时间并将其转换为指定的字符串形式的时间。

```
from datetime import datetime
```

```
today=datetime.now()
print(today.strftime('%H 小时%M 分钟%S 秒%Y 年%m 月%d 日'))
print(today.strftime("%Y-%m-%d"))
```
程序运行结果：

01 小时 12 分钟 26 秒 2024 年 07 月 21 日

2024-07-21

在上述代码中，不论是字符串中的时间单位，还是时间单位的次序，都可以自由选择和设定。

strftime()函数的参数是一个表示日期和时间的格式化字符串，用来自定义时间的输出格式。格式化字符串包括格式占位符和分隔符两部分。在例 8-11 中，%H、%M、%S、%Y、%m、%d 等是占位符，代表小时、分钟、秒、年、月、日等信息。分隔符可以任意指定。在例 8-11 中，横线"-"和"年""月""日""小时""分钟""秒"等汉字都是字符串中的分隔符，在得到的时间字符串中原样保留。strftime()函数的常用格式占位符如表 8-6 所示。

表 8-6　strftime()函数的常用格式占位符

占位符	说明	占位符	说明
%Y	4 位数年份，例如 2024	%A	完整的星期几，例如 Monday
%y	两位数年份，例如 24	%a	简写的星期几，例如 Mon
%m	数字表示的月份，取值为 01 至 12	%H	小时（24 小时制），取值为 00 至 23
%B	完整的月份，例如 November	%I	小时（12 小时制），取值为 01 至 12
%b	简写的月份，例如 Nov	%M	分钟，取值为 00 至 59
%d	一月中的第几天，取值为 01 至 31	%S	秒，取值为 00 至 59
%j	一年中的第几天，取值为 001 至 366	%p	AM 或 PM
%w	一星期中的第几天，取值为 0（星期日）至 6（星期六）	%%	%字符

2. 将时间字符串转换为标准格式的时间

假设有一个字符串的日期，如"2024/01/10 16:29:00"或"October 21,2024"，需要把这种特定格式的时间字符串解析成标准格式的时间，就要用到 datetime 类的 strptime()函数。strptime()函数名中的 p 表示解析（parse）。

strptime()需要两个参数，即 strptime(time_string,format)，返回与 time_string 对应的 datetime 对象。其中第一个参数 time_string 是需要转换的时间字符串，时间字符串中的格式是任意的；第二个参数是格式字符串，用占位符对前一个参数的格式加以说明，说明哪些数字对应哪个时间单位，以及哪些符号是不需要转换的。需要注意的是，第一个参数的内容必须准确匹配第二个参数的格式占位符，否则 Python 将引发 ValueError 异常。格式占位符的含义见表 8-6。

例 8-12　将特定格式的时间字符串解析成标准格式的时间。

```
from datetime import datetime
print("解析一：", datetime.strptime('2024/02/27 09:10:20', '%Y/%m/%d %H:%M:%S'))
print("解析二：", datetime.strptime('02 月 27 日 2024 年 09:10:20', '%m 月%d 日%Y 年 %H:%M:%S'))
```

程序运行结果：
解析一：　2024-02-27 09:10:20
解析二：　2024-02-27 09:10:20

在上述代码中，两次使用 strptime() 函数对不同格式的时间字符串进行了解析。在格式字符串中说明时间字符串的"/""年""月""日"":"是不需要解析的。

8.2.3　不同单位的时间

除了用年、月、日来表示日期外，有时需要知道特定的日期是星期几、一年中的第几周或者是否为工作日等。datetime 类提供了相应的函数来实现不同单位的时间信息的获取。

例 8-13　获取特定日期的其他单位的时间信息。

```
from datetime import datetime
date=datetime(2024,7,22)             #假设特定日期为 2024 年 7 月 22 日
print(date.weekday())                #获取特定日期是星期几
print(date.isoweekday())             #获取特定日期是星期几
print(date.isocalendar())            #获取特定日期表示的 ISO 8601 格式的元组
print(date.isocalendar().week)       #获取特定日期是这年的第几周
```

程序运行结果：
```
0
1
datetime.IsoCalendarDate(year=2024, week=30, weekday=1)
30
```

在上述代码中，weekday()、isoweekday() 和 isocalendar() 这 3 个函数的作用见表 8-4。其中，weekday() 的返回结果中用 0~6 表示星期一到星期日；isoweekday() 的返回结果中用 1~7 表示星期一到星期日。所以，输出结果中，第一行和第二行均表示 2024 年 7 月 22 日这天是星期一；第三行用 ISO 8601 格式的元组形式显示 2024 年 7 月 22 日是 2024 年的第 30 周的星期一，其中 isocalendar() 的返回结果中采用 1~7 表示星期几；第四行输出第三行输出结果的 week 属性值，即第 30 周。

8.3　时间列的基本操作

在日常生活和工作中经常会遇到各种与时间相关的数据，比如交易记录、访问记录等，这些数据往往按照时间形成一个个时间序列，可以专门从时间变化的角度来对这些数据进行分析，比如看看发展趋势、找出可能的周期、预测未来可能的数值等。

常见的统计数据中的时间大多是日期数据，下面介绍在 pandas 中时间列的基本操作。

8.3.1　时间列格式的转换

pandas 中方便处理的日期数据是标准的 datetime 对象，若在数据文件中收集的日期数据是字符串形式的数据，则在数据分析前，涉及日期字符串数据与 datetime 类型的日期数据的相互转换。

1. 将日期字符串数据转换为 datetime 类型的日期数据

在 pandas 中比较方便的是对标准格式的时间进行处理，如果数据文件中的日期是字符串形式的，则需要在数据分析前，将日期字符串数据转换为标准的 datetime 类型的日期数据，否则当需要根据日期进行数据分析时，日期字符串数据很难参与计算，也容易出错。

这里使用"C:\\temp\\企业数据.csv"完成此部分的学习。"企业数据.csv"中包含企业名称、注册日期、吊销日期和注册资金（万元）4 列数据。

例 8-14 查看"企业数据.csv"中各列的数据类型。

```
import pandas as pd
df=pd.read_csv('c:\\temp\\企业数据.csv')
print(df.head(5))        #显示前 5 行数据
print(df.dtypes)         #显示各列的数据类型
```

程序运行结果：

	企业名称	注册日期	吊销日期	注册资金（万元）
0	××电力设备有限公司	2010-08-06	2024-5-25	100
1	××生态环境有限公司	2010-07-02	2016-08-10	50
2	××通信器材技术有限公司	2002-03-14	2012-10-15	60
3	××汽车柴油系统有限公司	2004-07-15	2017-10-10	65
4	××科技有限公司	2003-08-10	2023-09-30	30

```
企业名称            object
注册日期            object
吊销日期            object
注册资金（万元）        int64
dtype: object
```

结果显示在 df 中有两列日期数据，pandas 读取后日期数据类型默认是 object，实际上数据类型为字符串类型。可以使用 to_datetime() 函数实现将日期字符串数据转换成 datetime 类型的日期数据。to_datetime() 的参数可以是各种不同的数据类型，包括字符串、整数、浮点数等。

例 8-15 将日期字符串数据转换成 datetime 类型的日期数据。

```
import pandas as pd
df=pd.read_csv('c:\\temp\\企业数据.csv')
df['注册日期']=pd.to_datetime(df['注册日期'])
df['吊销日期']=pd.to_datetime(df['吊销日期'])
print(df.dtypes)
```

程序运行结果：

```
企业名称            object
注册日期            datetime64[ns]
吊销日期            datetime64[ns]
注册资金（万元）        int64
dtype: object
```

从运行结果中可以看出，使用 to_datetime() 将两列日期字符串数据转换成了 datetime 类型的日期数据。

to_datetime() 函数的功能很强大，只要表示日期的字符串数据是常见的日期表示格式，都能解析成正确的 datetime 类型的日期数据。如将日期字符串数据格式由"年、月、日"转换成了"月、日、年"，程序仍能正常运行。

但是，有的日期字符串数据的格式是比较少见的，如"2010 年-08-06"，仅在日期的年份后加了一个汉字"年"，此时会提示"DateParseError: Unknown datetime string format"。解决这个问题，需使用 datetime 类中的 strptime()函数。

这里准备了"C:\\temp\\企业数据 1.csv"。为了说明问题，在"企业数据 1.csv"文件中将"注册日期"和"吊销日期"的日期数据均修改为了"2010 年-08-06"这种格式。可以尝试使用 to_datetime()函数解析，结果会报错，更合适的做法如例 8-16 所示。

例 8-16　将特定格式的日期字符串数据转换为 datetime 类型的日期数据。

```
import pandas as pd
from datetime import datetime
df=pd.read_csv('c:\\temp\\企业数据 1.csv')
print(df.head(5))          #输出日期格式转换前的前 5 行数据
df['注册日期']=df['注册日期'].apply(datetime.strptime, args=['%Y 年-%m-%d'])
df['吊销日期']=df['吊销日期'].apply(datetime.strptime, args=['%Y 年-%m-%d'])
print(df.head(5))          #输出日期格式转换后的前 5 行数据
```

程序运行结果：

	企业名称	注册日期	吊销日期	注册资金（万元）
0	××电力设备有限公司	2010 年-08-06	2024 年-5-25	100
1	××生态环境有限公司	2010 年-07-02	2016 年-08-10	50
2	××通信器材技术有限公司	2002 年-03-14	2012 年-10-15	60
3	××汽车柴油系统有限公司	2004 年-07-15	2017 年-10-10	65
4	××科技有限公司	2003 年-08-10	2023 年-09-30	30
	企业名称	注册日期	吊销日期	注册资金（万元）
0	××电力设备有限公司	2010-08-06	2024-05-25	100
1	××生态环境有限公司	2010-07-02	2016-08-10	50
2	××通信器材技术有限公司	2002-03-14	2012-10-15	60
3	××汽车柴油系统有限公司	2004-07-15	2017-10-10	65
4	××科技有限公司	2003-08-10	2023-09-30	30

对比日期格式转换前后输出的前 5 行数据，能看出 strptime()在此处的功能。

上述代码用到了 pandas 的 apply()函数，apply()自身是不带有任何数据处理功能的，可以用来调用一个函数，让此函数对数据对象进行批量处理，数据对象可以是 pandas 对象（如 Series、DataFrame 等）的元素、行或列。

这里分别调用了 strptime()对"注册日期"和"吊销日期"列的数据进行解析，其中 args 是位置参数，指明了要解析的日期字符串数据的特定格式，其中%Y、%m、%d 分别表示年、月、日 3 个日期信息，详见表 8-6。

2. 将 datetime 类型的日期数据转换为日期字符串数据

pandas 中 datetime 类型的日期数据可以转换为自定义的字符串格式，以满足用户的各种场合的需求。基本方法是字符串的连接操作，先取出日期数据的年、月、日各组成部分，将其转换为字符串，然后和其他字符拼凑成最终所需的格式。

例 8-17　查询各企业注册日期，并以"××××年××月××日"的形式显示。

```
import pandas as pd
from datetime import datetime
df=pd.read_csv('c:\\temp\\企业数据.csv')
#将数据文件中的日期字符串数据转换成datetime类型的日期数据
df['注册日期']=pd.to_datetime(df['注册日期'])
df['吊销日期']=pd.to_datetime(df['吊销日期'])
df['注册日期 str']=df['注册日期'].dt.year.apply(str)+'年'+df['注册日期'].dt.month.apply(str)+'月'+df['注册日期'].dt.day.apply(str)+'日'
#添加新列"注册日期 str"，内容为将"注册日期"列数据转化为"××××年××月××日"的形式
print(df[['企业名称','注册日期 str']].head(5))    #显示前5行数据
```

程序运行结果：

	企业名称	注册日期 str
0	××电力设备有限公司	2010 年 8 月 6 日
1	××生态环境有限公司	2010 年 7 月 2 日
2	××通信器材技术有限公司	2002 年 3 月 14 日
3	××汽车柴油系统有限公司	2004 年 7 月 15 日
4	××科技有限公司	2003 年 8 月 10 日

在例 8-17 中，dt.year、dt.month 和 dt.day 分别获取了日期列中日期数据的年、月、日属性值。

一旦得到 datetime 类型的日期数据，除了转换为例 8-17 中的格式外，还可以按照处理标准格式时间的方法来处理。使用 datetime 类中的 strftime()函数，可以将日期数据格式化为任意需要的格式。

例 8-18　查询各企业吊销日期，并以"××月-××日：(××××年)"的形式显示。

```
import pandas as pd
from datetime import datetime
df=pd.read_csv('c:\\temp\\企业数据.csv')
df['注册日期']=pd.to_datetime(df['注册日期'])
df['吊销日期']=pd.to_datetime(df['吊销日期'])
df['吊销日期 str']=df['吊销日期'].apply(datetime.strftime,args=['%m 月-%d 日:(%Y 年)'])        #添加新列
"吊销日期 str"，内容为将"吊销日期"列数据转化为"××月-××日：(××××年)"的形式
print(df[['企业名称','吊销日期 str']].head(5))  #显示前5行数据
```

程序运行结果：

	企业名称	吊销日期 str
0	××电力设备有限公司	05 月-25 日：(2024 年)
1	××生态环境有限公司	08 月-10 日：(2016 年)
2	××通信器材技术有限公司	10 月-15 日：(2012 年)
3	××汽车柴油系统有限公司	10 月-10 日：(2017 年)
4	××科技有限公司	09 月-30 日：(2023 年)

8.3.2　时间列的使用

在 pandas 的数据分析中，将日期字符串数据转换为标准格式（datetime 类型的日期数据）之后

就可以方便地进行排序、筛选、查询等操作了。

1. 根据日期进行排序

可以按照日期对数据进行升序或降序的排列。

例 8-19 根据注册日期对各企业进行降序排列。

```
import pandas as pd
from datetime import datetime
df=pd.read_csv('c:\\temp\\企业数据.csv')
df['注册日期']=pd.to_datetime(df['注册日期'])
df['吊销日期']=pd.to_datetime(df['吊销日期'])
df = df.sort_values(by='注册日期', ascending=False)
print(df.head(5))    #显示排序后的前 5 行数据
```

程序运行结果:

	企业名称	注册日期	吊销日期	注册资金（万元）
11	××创新技术研究院有限公司	2021-02-03	2023-08-12	55
13	××智能装备有限公司	2020-12-10	2021-05-17	25
12	××××电力能源有限责任公司	2020-01-18	2022-05-22	70
19	××工业服务公司	2014-06-18	2019-05-29	100
10	××科技有限公司	2012-06-07	2023-07-15	60

---

2. 根据日期进行筛选

可以根据日期筛选出符合要求的数据。通常先创建一个时间或日期点，然后将其与 pandas 数据中的日期进行比较。

例 8-20 筛选出在 2020 年及以后注册的企业信息。

```
import pandas as pd
from datetime import datetime
df=pd.read_csv('c:\\temp\\企业数据.csv')
df['注册日期']=pd.to_datetime(df['注册日期'])
df['吊销日期']=pd.to_datetime(df['吊销日期'])
date = datetime(2020,1,1)    #创建时间点
df1=df[df['注册日期']>=date]   #日期的比较
print(df1)
```

程序运行结果:

	企业名称	注册日期	吊销日期	注册资金（万元）
11	××创新技术研究院有限公司	2021-02-03	2023-08-12	55
12	××××电力能源有限责任公司	2020-01-18	2022-05-22	70
13	××智能装备有限公司	2020-12-10	2021-05-17	25

在上述代码中，用到了日期的比较，详见表 8-5。

---

3. 根据日期进行统计

pandas 还提供了比较有特色的时间差类型数据值，可以满足更加多元的数据分析。

例 8-21 查询存续时间最长的 5 家企业的信息。

```
import pandas as pd
from datetime import datetime
```

```
df=pd.read_csv('c:\\temp\\企业数据.csv')
df['注册日期']=pd.to_datetime(df['注册日期'])
df['吊销日期']=pd.to_datetime(df['吊销日期'])
df.insert(3,'存续时间',"")  #在第3列插入"存续时间"列,列值为空
df['存续时间']=df['吊销日期']-df['注册日期']
df = df.sort_values(by='存续时间', ascending=False)
print(df.head(5))
```

程序运行结果:

	企业名称	注册日期	吊销日期	存续时间	注册资金（万元）
4	××科技有限公司	2003-08-10	2023-09-30	7356 days	30
17	××测绘院有限公司	2004-01-18	2021-10-21	6486 days	70
5	××水氢科技有限公司	2002-10-10	2019-03-22	6007 days	120
20	××木业有限公司	2002-04-30	2018-06-22	5897 days	50
21	×××化妆品有限公司	2005-03-24	2019-10-17	5320 days	45

在例 8-21 中,通过两个 datetime 对象相减得到了企业的存续时间,并按存续时间进行降序排列,输出前 5 行记录,得到存续时间最长的 5 家企业信息。

例 8-22 查询每年注册企业的平均注册资金。

```
import pandas as pd
from datetime import datetime
df=pd.read_csv('c:\\temp\\企业数据.csv')
df['注册日期']=pd.to_datetime(df['注册日期'])
df['吊销日期']=pd.to_datetime(df['吊销日期'])
group=df['注册资金（万元）'].groupby(df['注册日期'].dt.year).mean()
print(group)
```

程序运行结果:

```
注册日期
2001    80.000000
2002    76.666667
......
2020    47.500000
2021    55.000000
```

由于篇幅有限,省略了部分输出结果。

8.4 时间索引

在数据分析中,时间不仅可以作为被分析的对象,还可以作为一种分析的依据,比如统计某段日期的销售情况。在这种情况下更为方便的做法是将时间作为索引,这就是时间索引。

8.4.1 时间索引的建立

本节仍然使用 8.3 节的"C:\\temp\\企业数据.csv"作为分析的数据源。

例 8-23　设置"注册日期"列为索引。

```
import pandas as pd
from datetime import datetime
df=pd.read_csv('c:\\temp\\企业数据.csv')
df=df.set_index('注册日期')    #将"注册日期"列设置为 df 变量的索引
df.index=pd.to_datetime(df.index)#将 df 变量的索引转换为 datetime 类型
print(df.head(5))
```

程序运行结果：

	企业名称	吊销日期	注册资金（万元）
注册日期			
2010-08-06	××电力设备有限公司	2024-5-25	100
2010-07-02	××生态环境有限公司	2016-08-10	50
2002-03-14	××通信器材技术有限公司	2012-10-15	60
2004-07-15	××汽车柴油系统有限公司	2017-10-10	65
2003-08-10	××科技有限公司	2023-09-30	30

从运行结果中可以看到，"注册日期"列已代替了之前的整数索引，成为变量 df 的索引。

例 8-23 中代码默认添加到本节后续所有例子的代码之前。

8.4.2　时间索引的使用

时间索引提供了一种选择数据行的依据。另外，我们还能根据时间索引进行分组统计。

1. 利用时间索引选择数据

时间索引可以提供一些其他索引无法提供的便利之处。比如，按具体日期快速检索数据，按年、月、周、季度等不同时间单位快速检索数据等。

例 8-23 设置了时间索引，因此可以按照 datetime 类型的时间处理方式，通过设置日期或日期区间获取所需数据。这里使用 loc[] 来实现。

例 8-24　利用时间索引选择数据。

```
#选择 1：选择注册日期是 2002 年 3 月 14 日的企业信息
print(df.loc[datetime(2002,3,14)])
print(df.loc['20020314'])
print(df.loc['2002-03-14'])
#选择 2：选择 2010 年 8 月注册的企业信息
print(df.loc['2010-08'])
#选择 3：选择 2020 年至 2023 年注册的企业信息
print(df.sort_index().loc['2020-01':'2023-12'])
#需要先按索引进行升序排列，否则会报错
#选择 4：选择 2005 年之前注册的企业信息
print(df.sort_index().truncate(after='2005-01-01'))
#需要先按索引进行升序排列，否则会报错
```

在例 8-24 中，sort_index() 函数用于根据索引进行排序，默认为升序排列，相当于参数 ascending=True；如果设置参数 ascending=False，则表示降序排列。

truncate()函数用于剪除某个时间之前或之后的数据，或者某个时间区间的数据，比如选择某时间段的数据其实等价于剪除其他时间的数据。选择 4 中需选择 2005 年之前的记录，相当于需剪除 2005 年 1 月之后的记录。after 参数表示剪除某时间之后的记录，before 参数表示剪除某时间之前的记录。

2. 利用时间索引分组统计

在分组统计中可以指定按照时间索引进行分组。虽然一般来说，DataFrame 中的索引元素都不一样，按照索引进行分组的意义不大。但是，对于时间索引而言，存在着时间相同或不同时间粒度单位的值相同的可能性，因此具有分组的实际意义。

例 8-25 索引的分组方法。

```
#索引的分组方法一
count1=df['企业名称'].groupby(level=0).count()
print(count1)
#索引的分组方法二
count2=df['企业名称'].groupby(df.index).count()
print(count2)
```

程序运行结果：

```
注册日期
2001-03-03    1
2002-03-14    1
......
2008-12-12    1
2010-07-02    2
2010-08-06    2
2011-03-26    1
......
2020-12-10    1
2021-02-03    1
```

由于篇幅有限，省略了部分输出结果。

在例 8-25 中，分别在 groupby()中指定 level=0 和 df.index，表示对索引进行分组。该例子中两种方法的运行结果相同，因此仅显示了一个输出结果以说明问题。

还可以按照不同时间单位对数据进行分组统计，比如按照年份、月份或者星期进行分组。但需要注意的是，对于时间索引的处理与类型为 datetime 的时间列的处理略有不同，不需要属性 dt 即可获取不同时间单位的信息。

例 8-26 按年份和星期分别统计注册的企业数量。

```
#按年份统计每年注册的企业数量
count3=df['企业名称'].groupby(df.index.year).count()
print(count3)
#按星期统计注册的企业数量
count4=df['企业名称'].groupby(df.index.isocalendar().week).count()
print(count4)
```

程序运行结果：

```
注册日期
2001      1
2002      3
……
2010      4
2011      2
……
2020      2
2021      1
week
3         2
5         1
……
31        2
32        1
……
51        1
53        1
```

由于篇幅有限，省略了部分输出结果。

综上所述，以时间为索引对时间序列的分析很有价值。

思维导图

本章思维导图如图 8-1 所示。

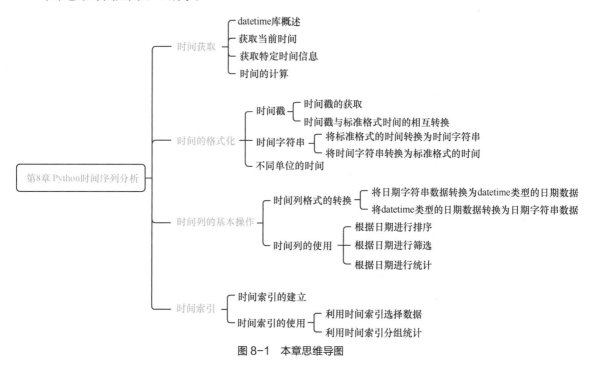

图 8-1　本章思维导图

课后习题

一、选择题

1. 利用 pandas.to_datetime() 转换日期，下面（　　）格式的日期不能正常转换。

　A. 2020/10/01　　　　　　　　B. 10/01/2020

　C. Oct,1,2004　　　　　　　　D. 2020 年 10 月 1 日

2. 下面关于 strptime() 和 strftime() 函数的说明中，错误的是（　　）。

　A. strptime() 函数可以将特定格式的日期字符串数据转换为 datetime 类型的日期数据

　B. strptime() 函数可以处理带有中文格式的日期

　C. strftime() 函数可以将 datetime 类型的日期数据转换为特定格式的日期字符串数据

　D. 两个函数都使用%m、%d、%Y 等占位符表示月份、日和年份

3. print(frame.truncate(before='2022-12-1')) 代码含义是（　　）。

　A. 输出 2022 年 12 月 1 日前的所有记录

　B. 输出 2022 年 12 月 1 日后的所有记录

　C. 输出 2022 年 11 月 30 日后的所有记录

　D. 输出 2022 年 11 月 30 日前的所有记录

4. 阅读下列 Python 程序段，判断 str(dt) 的类型是（　　）。

```
from datetime import datetime
dt=datetime.now()
```

　A. str　　　　　　B. datetime　　　　　C. float　　　　　D. int

5. 阅读下列 Python 程序段，判断 df.index 的类型是（　　）。

```
import pandas as pd
from datetime import datetime
df=pd.read_csv('c:\\temp\\企业数据.csv')
df = df.set_index('注册日期')
df.index=pd.to_datetime(df.index)
```

　A. DatetimeIndex　　　　　　B. Object

　C. int　　　　　　　　　　　D. Datetime

二、判断题

1. 时间索引的值可以是相同的。（　　）

2. time.time() 可以获得当前日期和时间，返回 datetime 对象。（　　）

3. 假设 DataFramedf 的索引为时间索引，进行分组统计的语句 df['注册资金（万元）'].groupby(df.index.dt.month).mean() 是正确的。（　　）

4. ISO 8601 标准规定所有的日期和时间的标准格式为年、月、日、时、分和秒。在 Python 中，datetime 对象都是标准的时间格式。（　　）

5. 时间戳是指从 1970 年 1 月 1 日 0 时开始经过的秒数，是一个整型数值。（　　）

6. 利用时间索引可以查询一段时间内的数据，但在查询之前需要保证时间索引是按值升序排列的。（　　）

三、填空题

1．Python 标准库中内置的与时间处理相关的库有 time 库、_____库和 calendar 库。

2．Python 中，常用的时间表示方法有_____、时间元组和时间字符串。

3．在 pandas 中，时间可以作为数据列，也可以作为_____。

4．在使用 datetime() 函数构造特定时间对象时，需要注意参数的取值范围，其中年份的取值范围是_____。

四、简答题

1．如何利用 datetime 库实现对一个程序的运行时间计时？

2．使用 datetime 库是否可以实现自己生日的多种日期输出格式？请尝试设计并输出不少于 6 种的日期格式。

3．请计算两个日期之间的天数差，日期分别为"2023-03-01"和"2023-03-15"。

章节实训

一、实训内容

股票趋势分析。

二、实训目标

编写 Python 程序，实现对股票（股票代码为 000908）涨跌的趋势分析。

三、实训思路

数据集文件为"000908.xlsx"。

首先，使用 pandas 获取股票数据，并设置"日期"列为索引，更改"日期"列数据为 datetime 类型。为方便后续处理，需要确保按"日期"列升序排列。

然后，计算并保存股票每一天的涨幅，即当天收盘价与前一天收盘价的变化（使用当天收盘价减去前一天收盘价）。可以使用 shift() 函数实现当天收盘价与前一天收盘价按日期对齐。

最后，完成股票趋势的可视化并结合图形进行趋势分析。使用索引"日期"和"涨幅"列，生成线形图；再结合线形图分析股票趋势。

进一步地，可以查询某一年（比如 2024 年）的数据并进行可视化分析。使用 loc[] 可以实现根据时间索引进行数据的选择。

再进一步地，可以查询上一步（2024 年）数据的每月平均涨幅（每天涨幅按月求平均），并进行可视化分析。

注意：数据的可视化在第 9 章会详细讲解。

第 9 章
Python 可视化分析

学习目标

掌握散点图、折线图、柱状图及饼图的作用及绘制方法；掌握柱状图、饼图、漏斗图及仪表盘的绘制方法；掌握 pyplot 模块常用绘图方法，掌握 pyecharts 基础图形的绘制方法。

本章导读

在 Python 数据可视化中，"一图胜万言"这句话得到了充分体现。复杂的数据以可视化图形的方式展示，让使用者无须费力即可解读大量数字和表格，很快就能洞察数据的特征和趋势。

Python 作为一种编程语言，提供了丰富的工具和库，可以用于各行业数据可视化。我们可以用 pandas 库来读取和处理数据，再使用 Matplotlib 或 pyecharts 库进行数据可视化。本章将介绍如何分析财务经营数据和各电商平台销售数据等，根据选定的指标和分析方向，绘制相应的可视化图表，通过散点图、柱状图、折线图、饼图等展示不同数据指标的变化。

9.1 Matplotlib 数据可视化

Python 数据可视化绘图中非常经典的是 Matplotlib 库，这也是 Python 中应用非常广泛的绘图库之一。Matplotlib 中应用非常广泛的是 pyplot 模块。pyplot 提供了一套和 MATLAB 类似的绘图 API（Application Program Interface，应用程序编程接口），使得 Matplotlib 的机制更像 MATLAB。我们只需要调用 pyplot 模块所提供的函数就可以实现快速绘图并设置图表的各个细节。

在 Matplotlib 库中，pyplot 基本绘图流程主要分为 3 个部分，如图 9-1 所示。

1. 创建画布与创建子图

构建出一张空白的画布，并可以选择是否将整个画布划分为多个部分，以便于在同一幅图上绘制多个图形。当只需要绘制一幅简单图形时，创建子图这部分内容可以省略。在 pyplot 模块中创建画布与创建子图的函数如表 9-1 所示。

表 9-1　在 pyplot 模块中创建画布与创建子图的函数

函数	说明
figure ()	用于创建一个空白画布，可以指定画布大小、像素
add_subplot ()	用于创建并选中子图，可以指定子图的行数、列数，并选中图片编号

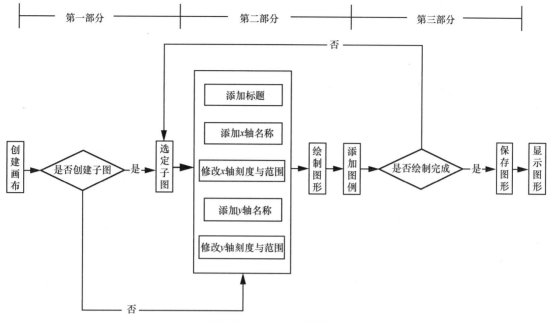

图 9-1　pyplot 基本绘图流程

2. 添加画布内容

添加画布内容是绘图的主体部分，其中添加标题、坐标轴名称，以及绘制图形等步骤是并列的，没有先后顺序，可以先绘制图形，也可以先添加各类标签。值得注意的是，图例只有在绘制图形之后才可进行添加。在 pyplot 模块中添加各类标签和图例的函数如表 9-2 所示。

表 9-2　在 pyplot 模块中添加各类标签和图例的函数

函数	说明
title()	用于在当前图形中添加标题
xlabel()	用于在当前图形中添加 x 轴名称
ylabel()	用于在当前图形中添加 y 轴名称
xlim()	用于指定当前图形 x 轴的范围
ylim()	用于指定当前图形 y 轴的范围
legend()	用于指定当前图形的图例

3. 保存和显示图形

保存和显示图形的函数如表 9-3 所示。

表 9-3　保存和显示图形的函数

函数	说明
savefig()	用于保存绘制的图形
show()	用于在本机显示图形

在 Jupyter Notebook 中进行交互式绘图，需要执行以下代码。

```
%matplotlib notebook          #将生成的交互式图嵌入 Jupyter Notebook 中
```

```
%matplotlib inline          #将生成的静态图嵌入 Jupyter Notebook 中
```

使用 Matplotlib 时，其导入代码为：

```
import matplotlib.pyplot as plt
```

9.1.1 利用 Matplotlib 绘制散点图

散点图（scatter diagram）又称为散点分布图，是以一个特征为横坐标、另一个特征为纵坐标，使用坐标点（散点）的分布形态反映特征间统计关系的一种图形。其中，值由点在图表中的位置表示，类别由图表中的不同标记表示，通常用于比较跨类别的数据。散点图包含的数据点越多，比较的效果就越好。

可以使用 scatter()函数绘制散点图，其语法格式如下：

```
matplotlib.pyplot.scatter(x, y, s=None, c= None, marker = None, alpha=None)
```

scatter()函数的主要参数及其说明见表 9-4。

表 9-4　scatter()函数的主要参数及其说明

参数	说明
x、y	表示 x 轴和 y 轴对应的数据
s	表示数据点的大小
c	表示数据点的颜色
marker	表示绘制的散点类型
alpha	表示数据点的透明度，接收 0~1 的小数

例 9-1　绘制散点图 1。

```
import matplotlib.pyplot as plt
import numpy as np
import matplotlib
%matplotlib inline
plt.rcParams['font.family'] = ['SimHei']   #设置显示中文字体
plt.rcParams['axes.unicode_minus'] = False     #设置正常显示负号
x = np.arange(1, 20)
y = np.cos(x)
lvalue = x
# 绘制散点图
plt.scatter(x, y, c = 'g', s = 100, linewidths = lvalue, marker = 'o', alpha=0.6)
# 添加标题
plt.title('散点图')
# 添加 x 轴的名称
plt.xlabel('X-axis')
# 添加 y 轴的名称
plt.ylabel('Y-axis')
plt.show()
```

程序运行结果如图 9-2 所示。

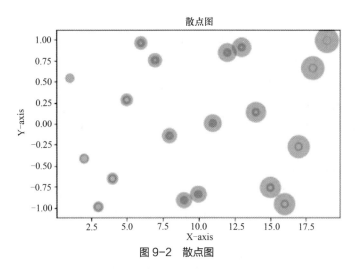

图 9-2　散点图

例 9-2　绘制散点图 2。

```
import pandas as pd
import matplotlib.pyplot as plt
#读取数据
frame = pd.read_csv('C:\\temp\\股票数据.csv', encoding='GBK')
#绘制散点图
plt.scatter(frame['开盘价'], frame['收盘价'],c='r', s=10, alpha=0.6)
# 添加标题
plt.title('股票数据散点图')
# 添加 x 轴的名称
plt.xlabel('开盘价/元')
# 添加 y 轴的名称
plt.ylabel('收盘价/元')
plt.show()
```

程序运行结果如图 9-3 所示。

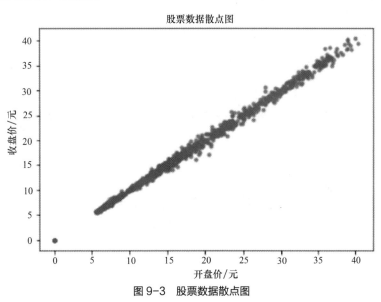

图 9-3　股票数据散点图

161

9.1.2 利用 Matplotlib 绘制折线图

折线图（line chart）是一种将数据点按照顺序连接起来的图形，也可以看作将散点图按照 x 轴坐标顺序连接起来的图形。折线图的主要功能是查看因变量 y 随着自变量 x 改变的趋势，适用于显示随时间（根据常用比例设置）而变化的连续数据；同时，还可以看出数量的差异、增长趋势的变化等。

可以使用 plot() 函数绘制折线图，其语法格式如下：

matplotlib. pyplot. plot(x, y, color=None, linestyle=None, linewidth=None, marker=None, alpha=None)

plot() 函数在官方文档的语法格式中只要求填入不定长参数，实际可以填入的主要参数及其说明见表 9-5。

表 9-5　plot() 函数的主要参数及其说明

参数	说明
x、y	表示 x 轴和 y 轴对应的数据
linestyle	表示线型样式，有 "-" "--" "-." ":" 4 种，默认为 "-"
linewidth	表示线条宽度，默认为 1.5
color	表示数据点的颜色
marker	表示数据点样式，有 "o" "D" "h" "." "*" "s" 等
alpha	表示数据点的透明度，接收 0~1 的小数

例 9-3　绘制折线图 1。

```
import matplotlib.pyplot as plt
import numpy as np
%matplotlib inline
plt.rcParams['font.family'] = ['SimHei']   #设置显示中文字体
plt.rcParams['axes.unicode_minus'] = False    #设置正常显示负号
x=np.arange(30)
y1=2*x+9
y2=x**2+1
#marker 表示数据点样式，linewidth 表示线条宽度，linestyle 表示线型样式，color 表示数据点的颜色
plt.plot(x, y1, marker='*', linewidth=1, linestyle='--', color='orange')
plt.plot(x, y2)
plt.title('折线图')
plt.xlabel('x', fontsize=15)
plt.ylabel('y', fontsize=15)
#设置图例
plt.legend(['y=2*x+9', 'y=x**2+1'], loc='upper left')
plt.grid(True)
plt.show()
```

程序运行结果如图 9-4 所示。

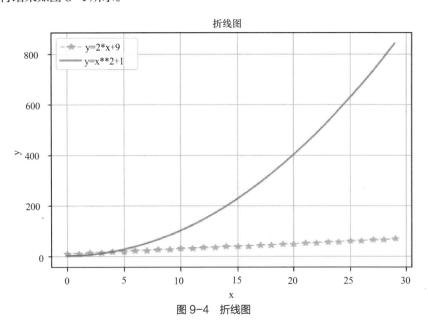

图 9-4　折线图

例 9-4　绘制折线图 2。

```
import matplotlib.pyplot as plt
import pandas as pd
%matplotlib inline
#设置显示中文字体
plt.rcParams['font.sans-serif'] = ['SimHei']
df = pd.read_excel(
                'C:\\temp\\财务数据.xlsx',  # Excel 文件路径
                sheet_name='运营资产',  # 获取"运营资产"工作表的数据
                index_col=0,  # 把第 1 列数据设置为索引列
                )
#绘制折线图
plt.plot(df.index,df.应收账款, ls='--',marker='*',color='b', linewidth=2)
#x 轴标签
plt.xlabel("年份/年")
#y 轴标签
plt.ylabel("金额/万元")
#图标题
plt.title("2018—2022 年应收账款情况")
#显示图例
plt.legend(['应收账款'])
#保存图形
plt.savefig("C:\\temp\\应收账款情况.jpg")
plt.show()
```

程序运行结果如图 9-5 所示。

163

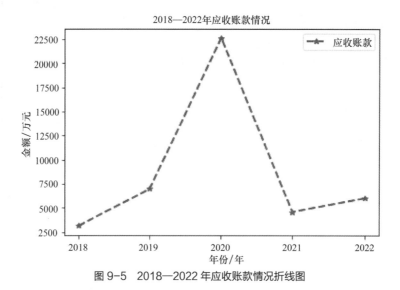

图 9-5　2018—2022 年应收账款情况折线图

9.1.3　利用 Matplotlib 绘制柱状图

柱状图（histogram）由一系列高度不等的纵向条纹或线段表示数据分布的情况，一般用横轴表示数据所属类别，纵轴表示数量或者占比。用柱状图可以比较直观地看出产品质量特性的分布状态，便于判断其总体质量分布情况；还可以发现数据模式、样本的频率分布和总体的分布等。

可以使用 bar() 函数绘制柱状图，其语法格式如下：

matplotlib. pyplot. bar(left, height, width = 0.8, color=None, bottom = None, data = None)

bar() 函数的常用参数及其说明见表 9-6。

表 9-6　bar() 函数的常用参数及其说明

参数	说明
left	接收数组，表示 x 轴数据
height	接收数组，表示 y 轴所代表数据的数量
width	接收 0~1 的浮点数，表示柱状图宽度，默认为 0.8
color	接收特定字符串或者包含颜色字符串的数组，表示柱状图颜色
bottom	表示柱状图的底部位置，默认值为 None，即表示与 x 轴的距离为 0
data	表示用于绘制柱状图的数据集，可以是 DataFrame、Series 或数组格式的数据

例 9-5　利用 Matplotlib 绘制柱状图。

```
import matplotlib. pyplot as plt
import pandas as pd
%matplotlib inline
# 设置显示中文字体
plt. rcParams['font. sans-serif'] = ['SimHei']
df = pd. read_excel(
                'C:\\temp\\财务数据.xlsx',    # Excel 文件路径
                sheet_name='运营资产',    # 获取"运营资产"工作表的数据
```

```
                    index_col=0,    # 把第 1 列数据设置为索引列
                    )
#绘制柱状图
plt.bar(df.index, df.预付款项, width=0.5)
#  x 轴标签
plt.xlabel("年份/年")
#  y 轴标签
plt.ylabel("金额/万元")
#  图标题
plt.title("2018—2022 年预付款项情况")
#  显示图例
plt.legend(['预付款项'])
```

程序运行结果如图 9-6 所示。

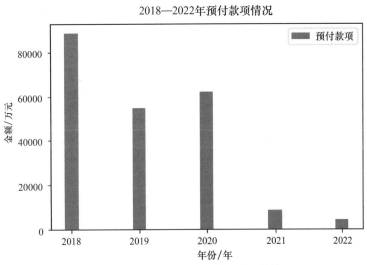

图 9-6　2018—2022 年预付款项情况柱状图

例 9-6　利用 Matplotlib 绘制多条柱状图。

```
import matplotlib.pyplot as plt
import pandas as pd
import numpy as np
%matplotlib inline
# 设置显示中文字体
plt.rcParams['font.sans-serif'] = ['SimHei']
df = pd.read_excel(
                'C:\\temp\\财务数据.xlsx',    # Excel 文件路径
                sheet_name='运营资产',    # 获取"运营资产"工作表的数据
                index_col=0,    # 把第 1 列数据设置为索引列
# 根据 index 生成一维数组
x=np.arange(5)
print(x)
# 绘制柱状图
plt.bar(x, df.应收票据, width=0.2)
```

```
plt.bar(x+0.2, df.应收账款, width=0.2)
plt.bar(x+0.2*2, df.预付款项, width=0.2)
# x 轴标签
plt.xlabel("年份/年")
# y 轴标签
plt.ylabel("金额/万元")
# 图标题
plt.title("2018—2022 年资产情况")
# x 轴刻度值
plt.xticks(x, df.index)
# 显示图例
plt.legend(['应收票据', '应收账款', '预付款项'])
plt.show()
```

程序运行结果如图 9-7 所示。

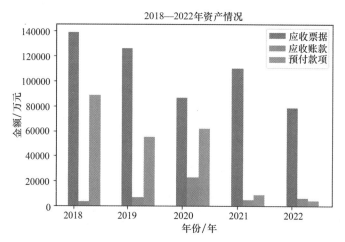

图 9-7　2018—2022 年资产情况柱状图

例 9-7　利用 Matplotlib 绘制堆叠柱状图。

```
import matplotlib.pyplot as plt
import pandas as pd
%matplotlib inline
# 设置显示中文字体
plt.rcParams['font.sans-serif'] = ['SimHei']
df = pd.read_excel(
                'C:\\temp\\财务数据.xlsx',   # Excel 文件路径
                sheet_name='运营资产',   # 获取 "运营资产" 工作表的数据
                index_col=0,   # 把第 1 列数据设置为索引列
                )
# 绘制堆叠柱状图
plt.bar(df.index, df.应收票据, width=0.5)
plt.bar(df.index, df.应收账款, bottom=df.应收票据, width=0.5)
plt.bar(df.index, df.预付款项, bottom=df.应收票据+df.应收账款, width=0.5)
# x 轴标签
```

```
plt.xlabel("年份/年")
# y 轴标签
plt.ylabel("金额/万元")
# 图标题
plt.title("2018—2022 年资产情况")
plt.legend(['应收票据', '应收账款', '预付款项'])
plt.show()
```

程序运行结果如图 9-8 所示。

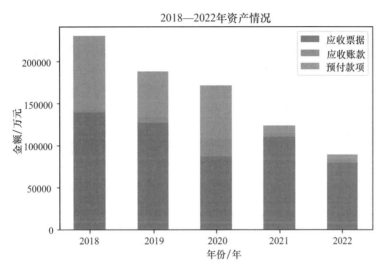

图 9-8　2018—2022 年资产情况堆叠柱状图

9.1.4　利用 Matplotlib 绘制饼图

饼图（pie graph）用于表示不同分类的占比情况，通过弧度大小来对比各种分类。饼图可以比较清楚地反映出部分与部分、部分与整体之间的比例关系，易于显示每组数据相对于总数的大小，而且显现方式直观。

可以使用 pie() 函数绘制饼图，其语法格式如下：

matplotlib.pyplot.pie(x, explode = None, labels = None, colors = None, autopct = None, pctdistance=0.6, shadow=False, labeldistance=1.1, startangle =None, radius = None, …)

pie() 函数的常用参数及其说明见表 9-7。

表 9-7　pie() 函数的常用参数及其说明

参数	说明
x	接收数组，表示用于绘制饼图的数据
labels	接收数组，指定每一项的名称
autopct	接收特定字符串，指定数值的显示方式
pctdistance	float 型，指定每一项的比例和距离饼图圆心 n 个半径，默认为 0.6
labeldistance	float 型，指定每一项的名称和距离饼图圆心的半径数，默认为 1.1

例 9-8 利用 Matplotlib 绘制饼图。

```python
import matplotlib.pyplot as plt
import pandas as pd
%matplotlib inline
# 设置显示中文字体
plt.rcParams['font.sans-serif'] = ['SimHei']
df = pd.read_excel(
                'C:\\temp\\财务数据.xlsx',  # Excel 文件路径
                sheet_name='运营资产',  # 获取"运营资产"工作表的数据
                index_col=0,  # 把第 1 列数据设置为索引列
                )
# 创建画布，将画布设定为正方形，则绘制的饼图是正圆
plt.figure(figsize=(6, 6))
# 提取数据的 columns 字段，为数据的标签
name = df.columns
# 提取 2020 年的 values 字段，为数据的存在位置
values = df.loc['2020 年']
#控制分离的距离，默认饼图不分离
explode = [0.02, 0.02, 0.02, 0.02, 0.02]
# 绘制饼图
plt.pie(values, explode=explode, labels=name, autopct='%1.2f%%', labeldistance=1.1)
# 图标题
plt.title("2020 年各资产数据情况")
plt.show()
```

程序运行结果如图 9-9 所示。

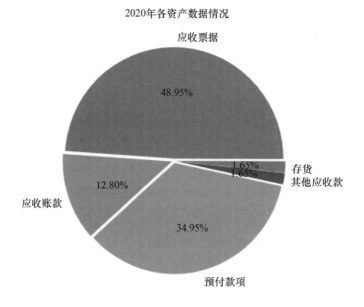

图 9-9 2020 年各资产数据情况饼图

9.2　pyecharts 数据可视化

pyecharts 主要基于 Web 浏览器进行显示，绘制的图形比较多，包括折线图、柱状图、饼图、漏斗图、仪表盘、地图及极坐标图等。使用 pyecharts 绘图，代码量很少，而且绘制出来的图形较美观。

使用 pyecharts 时，需要安装相应的库，安装代码为：

```
pip install pyecharts
```

pyecharts 提供了一些全局配置和系列配置选项，用于控制图表的外观和行为。全局配置通过 set_global_opts() 函数进行设置，可以修改图表的默认配置，例如主题、大小、宽度和高度等。系列配置通过 set_series_opts() 函数进行设置，用于控制每个系列的图表样式和数据，例如线条样式、柱状图颜色、标签格式等。pyecharts 的具体使用可从官方网站查阅学习。

pyecharts 有很多配置选项，常用的全局配置项如图 9-10 所示。

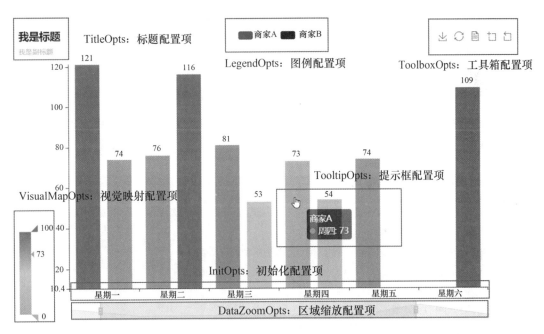

图 9-10　pyecharts 常用的全局配置项

系列配置项共包含 18 项配置内容，主要侧重可视化过程中的图像细节把控和调整。常用的系列配置项有如下几种。

（1）LabelOpts：标签配置项。

（2）LineStyleOpts：线样式配置项。

（3）TextStyleOpts：文字样式配置项。

（4）MarkPointOpts：标记点配置项（设置相关标记点）。

（5）MarkLineOpts：标记线配置项（设置相关标记线）。

9.2.1　利用 pyecharts 绘制柱状图

使用 Bar() 函数可以绘制柱状图。Bar() 函数的常用方法及说明见表 9-8。

表 9-8　Bar()函数的常用方法及说明

方法	说明
add _ xaxis()	加入 x 轴参数
add _ yaxis()	加入 y 轴参数，可以设置 y 轴参数，也可在全局配置中设置
set _ global _ opts()	全局配置设置
set _ series _ opts()	系列配置设置

例 9-9 利用 pyecharts 绘制柱状图。

```
from pyecharts.charts import Bar
from pyecharts import options as opts
%matplotlib inline
bar = (
    Bar()
    .add_xaxis(['华为', '小米', '三星', '苹果', '荣耀', 'OPPO', 'vivo'])
    .add_yaxis('平台A', [3200, 321, 413, 1986, 674, 793, 1070])
    .set_global_opts(title_opts=opts.TitleOpts
    (title='平台A销售情况柱状图')))
bar.render_notebook()
```

pyecharts 从 V1 版本开始支持链式调用，不习惯链式调用的依旧可以单独调用方法，代码如下。

```
#单独调用方法
from pyecharts.charts import Bar
from pyecharts import options as opts
%matplotlib inline
bar = Bar()
bar.add_xaxis(['华为', '小米', '三星', '苹果', '荣耀', 'OPPO', 'vivo'])
bar.add_yaxis('平台A', [3200, 321, 413, 1986, 674, 793, 1070])
bar.set_global_opts(title_opts=opts.TitleOpts(title='平台A销售情况柱状图'))
bar.render_notebook()
```

程序运行结果如图 9-11 所示。

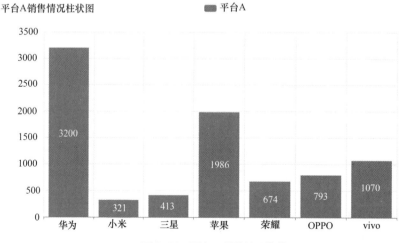

图 9-11　平台 A 销售情况柱状图

170

例 9-10　利用 pyecharts 绘制多条柱状图。

```
#使用多个 add_yaxis() 可以绘制多条柱状图
from pyecharts.charts import Bar
from pyecharts import options as opts
%matplotlib inline
bar = Bar()
bar.add_xaxis(['华为', '小米', '三星', '苹果', '荣耀', 'OPPO', 'vivo'])
bar.add_yaxis('平台 A', [3200, 321, 413, 1986, 674, 793, 1070])
bar.add_yaxis('平台 B', [800, 140, 153, 345, 800, 900, 540])
bar.set_global_opts(title_opts=opts.TitleOpts(title='平台 A 和平台 B 销售情况柱状图'))
bar.render_notebook()
```

程序运行结果如图 9-12 所示。

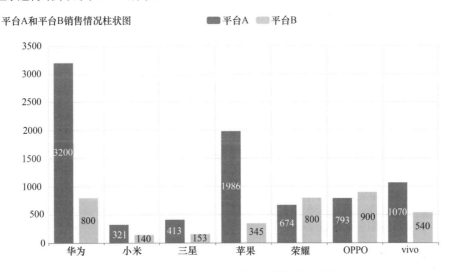

图 9-12　平台 A 和平台 B 销售情况柱状图

例 9-11　利用 pyecharts 绘制堆叠柱状图。

```
#绘制堆叠柱状图
from pyecharts.charts import Bar
from pyecharts import options as opts
%matplotlib inline
bar = Bar()
bar.add_xaxis(['华为', '小米', '三星', '苹果', '荣耀', 'OPPO', 'vivo'])
bar.add_yaxis('平台 A', [3200, 321, 413, 1986, 674, 793, 1070], stack='stack1',
              label_opts=opts.LabelOpts(position='insideTop'))
bar.add_yaxis('平台 B', [800, 140, 153, 345, 800, 900, 540], stack='stack1',
              label_opts=opts.LabelOpts(position='insideTop'))
bar.set_global_opts(title_opts=opts.TitleOpts(title='平台 A 和平台 B 销售情况堆叠柱状图'))
bar.render_notebook()
```

程序运行结果如图 9-13 所示。

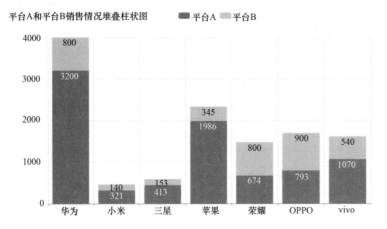

图9-13　平台 A 和平台 B 销售情况堆叠柱状图

例 9-12　绘制水平直方图。

```
#绘制水平直方图
from pyecharts.charts import Bar
from pyecharts import options as opts
%matplotlib inline
bar = Bar()
bar.add_xaxis(['华为', '小米', '三星', '苹果', '荣耀', 'OPPO', 'vivo'])
bar.add_yaxis('平台A', [3200, 321, 413, 1986, 674, 793, 1070])
bar.add_yaxis('平台B', [800, 140, 153, 345, 800, 900, 540])
#toolbox_opts 工具箱选项, 允许用户交互式操作图表, 例如保存图表、切换图表等
bar.set_global_opts(title_opts=opts.TitleOpts(
title='平台A和平台B销售情况水平直方图'), toolbox_opts=opts.ToolboxOpts(is_show=True))
bar.set_series_opts(label_opts=opts.LabelOpts(position='right'))
bar.reversal_axis()
bar.render_notebook()
```

程序运行结果如图9-14所示。

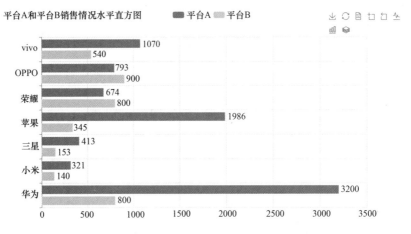

图9-14　平台 A 和平台 B 销售情况水平直方图

9.2.2　利用 pyecharts 绘制饼图

使用 Pie () 函数可以绘制饼图。

例 9-13　利用 pyecharts 绘制饼图。

```
#绘制饼图
from pyecharts.charts import Pie
from pyecharts import options as opts
%matplotlib inline
labels=['华为', '小米', '三星', '苹果', '荣耀', 'OPPO', 'vivo']
data=[800, 140, 153, 345, 800, 900, 540]
pie=Pie()
pie.add('', [list(z) for z in zip(labels, data)])
pie.set_global_opts(title_opts=opts.TitleOpts(title='平台 B 销售情况饼图'))
pie.set_series_opts(label_opts=opts.LabelOpts(formatter='{b}：{c}（{d}%）'))
pie.render_notebook()
```

程序运行结果如图 9-15 所示。

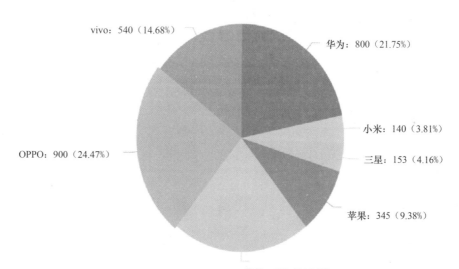

图 9-15　平台 B 销售情况饼图

在 pie.add () 函数中，参数 radius 用于设置饼图半径，默认为 [0%, 75%]，第一项为内半径，第二项为外半径。通过设置 radius 中的内半径值可以绘制环形饼图。

例 9-14　绘制环形饼图。

```
#绘制环形饼图
from pyecharts.charts import Pie
from pyecharts import options as opts
%matplotlib inline
labels=['华为', '小米', '三星', '苹果', '荣耀', 'OPPO', 'vivo']
```

```
data=[800, 140, 153, 345, 800, 900, 540]
pie=Pie()
#radius 用于设置饼图半径，默认为[0%,75%]，第一项为内半径，第二项为外半径
pie.add('', [list(z) for z in zip(labels,data)],radius=['40%','75%'])
pie.set_global_opts(title_opts=opts.TitleOpts(title='平台B销售情况环形饼图'))
pie.set_series_opts(label_opts=opts.LabelOpts(formatter='{b}：{c}（{d}%）'))
pie.render_notebook()
```

程序运行结果如图 9-16 所示。

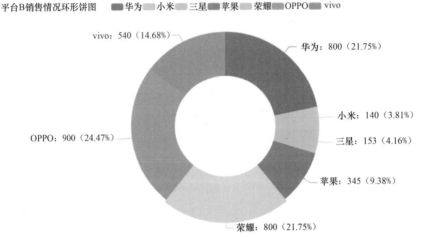

图 9-16　平台 B 销售情况环形饼图

9.2.3　利用 pyecharts 绘制漏斗图

pyecharts 中使用 Funnel()函数绘制漏斗图。

例 9-15　绘制漏斗图。

```
#绘制漏斗图
from pyecharts.charts import Funnel
from pyecharts import options as opts
%matplotlib inline
labels=["浏览商品", "加入购物车", "生成订单", "支付", "完成交易"]
data= [112, 89, 76, 66, 45]
fn=Funnel()
fn.add('手机销量图', [list(z) for z in zip(labels,data)])
fn.set_global_opts(title_opts=opts.TitleOpts(title='订单转化率漏斗图'))
fn.set_series_opts(label_opts=opts.LabelOpts(formatter='{b}：{c}（{d}%）',
position="inside"))
fn.render_notebook()
```

程序运行结果如图 9-17 所示。

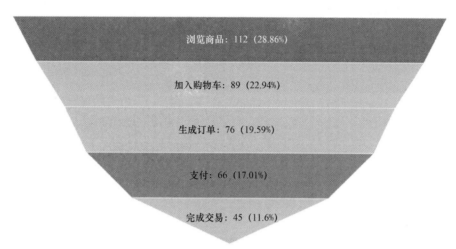

图 9-17　订单转化率漏斗图

9.2.4　利用 pyecharts 绘制仪表盘

pyecharts 中使用 Gauge () 函数绘制仪表盘。

例 9-16　绘制仪表盘。

```
#绘制仪表盘
from pyecharts import options as opts
from pyecharts. charts import Gauge
c=Gauge ()
c.add("业务指标", [("完成率", 64)])
c.set_series_opts ( axisline_opts=opts. AxisLineOpts (linestyle_opts=
opts. LineStyleOpts (color=[(0.3, "#67e0e3"), (0.7, "#37a2da"), (1, "#fd666d")], width=40)))
c.set_global_opts (title_opts=opts. TitleOpts (title="Gauge-不同颜色"),
        legend_opts=opts. LegendOpts (is_show=False))
c. render_notebook ()
```

程序运行结果如图 9-18 所示。

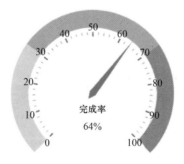

图 9-18　业务指标完成率仪表盘

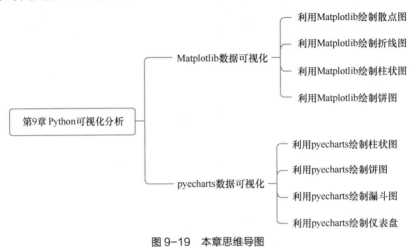

思维导图

本章思维导图如图 9-19 所示。

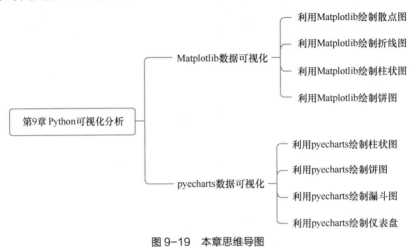

图 9-19　本章思维导图

课后习题

一、选择题

1. 在 Python 中，用于数据可视化绘图的经典库是（　　）。

   A. NumPy　　　　B. Matplotlib　　　C. pandas　　　　D. pyecharts

2. 使用 Matplotlib 绘制散点图时，用于表示数据点的大小的参数是（　　）。

   A. x　　　　　　B. y　　　　　　　C. s　　　　　　　D. c

3. 在绘制折线图时，以下（　　）参数用于表示线型样式。

   A. linestyle　　　B. linewidth　　　C. color　　　　　D. marker

4. 使用 pyecharts 绘制柱状图时，以下（　　）方法用于加入 x 轴参数。

   A. add_xaxis()　　　　　　　　　　B. add_yaxis()

   C. set_global_opts()　　　　　　　 D. set_series_opts()

5. 绘制饼图时，用于设置每一项名称的参数是（　　）。

   A. x　　　　　　B. labels　　　　　C. autopct　　　　D. pctdistance

二、判断题

1. Matplotlib 中应用非常广泛的是 pyplot 模块。（　　）

2. 在 pyecharts 中，绘制柱状图的函数是 Bar()。（　　）

3. 使用 Matplotlib 绘制柱状图时，width 参数指定柱状图的高度。（　　）

4. pyecharts 从 V1 版本开始支持链式调用，也可以单独调用方法。（　　）

5. 在绘制饼图时，通过设置 radius 中的内半径值可以绘制环形饼图。（　　）

三、填空题

1. ＿＿＿＿＿＿是一个主要用于绘制二维图表的 Python 库。

2．pyplot 可以使用 bar()函数绘制_____图。

3．pyplot 绘制饼图时使用_____函数。

4．_____可视化库可以生成 Echarts 图表。

5．pyecharts 提供了一些全局配置和系列配置选项，用于控制图表的外观和行为，_____通过 set_global_opts()函数进行设置，可以修改图表的默认配置。

四、简答题

1．简述散点图、折线图、柱状图和饼图的作用。

2．简述 pyecharts 中绘制柱状图的几种方式，并举例说明。

3．简述 pyecharts 中全局配置、系列配置。

章节实训

一、实训内容

2014—2022 年各年龄段年末人口数据分析。

二、实训目标

绘制各年份各年龄段年末人口散点图，分析各年份各年龄段人口变化趋势；绘制 2022 年各年龄段年末人口占比图，分析各年龄段的人口数量及人口老龄化情况。

三、实训思路

1．使用 pandas 库读取 2014—2022 年各年龄段年末人口数据。

2．绘制 2014—2022 年各年龄段年末人口散点图。

3．绘制 2022 年各年龄段年末人口饼图。

4．保存和显示图形。

5．分析各年龄段年末人口变化情况。

第 **10** 章
NumPy 科学计算

学习目标

理解在 NumPy 中一维、二维和 n 维数组之间的区别；掌握如何在 n 维数组上应用一些线性代数操作，而不使用 for 循环。

本章导读

在数据分析和处理领域，Python 已经成为事实上的标准语言，这主要得益于其简洁的语法、强大的标准库，以及丰富的第三方库。在数据处理方面，NumPy 是核心的 Python 库，它有着不可替代的角色和功能。NumPy 是进行科学计算的基础库，它提供了一个高性能的多维数组对象——ndarray，以及一系列数学函数。相比于 Python 原生的列表，NumPy 数组具有类型统一、随机访问快等优点，这使得在进行大规模数值计算时，能够显著提高效率和速度。了解并熟练使用 NumPy 是深入学习数据科学和机器学习的基石，几乎所有的数据科学领域的工作都会涉及 NumPy。

NumPy 全名为 Numerical Python，是一个强大的 Python 库，专门用于处理大型多维数组和矩阵的数学运算。自其诞生以来，它已成为 Python 数据科学领域的顶级库之一，被数据科学家、机器学习工程师、科研人员等广泛应用。越来越多的基于数据科学的 Python 包正在使用 NumPy 数组，尽管这些包通常支持 Python 列表输入，但在处理之前会将这些输入转换为 NumPy 数组，并且它们通常输出 NumPy 数组。换句话说，为了有效地使用基于 Python 的软件，仅仅了解如何使用 Python 的内置列表类型是不够的，还需要知道如何使用 NumPy 数组。通过对 NumPy 的深入学习有助于我们通过 Python 来更好地学习数据科学和机器学习。

NumPy 是开放源代码的第三方 Python 扩展程序库，它支持大量的维度数组与矩阵运算，此外也针对数组运算提供大量的数学函数，是 Python 科学计算的基础库。NumPy 提供多维数组对象、各种派生对象（如掩码数组和矩阵），以及用于数组快速操作的各种 API。

NumPy 是一个运行速度非常快的数学库，主要用于数组运算，包含强大的 N 维数组对象 ndarray。NumPy 整合了 C/C++/Fortran 中的线性代数、傅里叶变换、随机数生成等功能。

NumPy 通常与 SciPy（Scientific Python）和 Matplotlib（绘图库）一起使用，这种组合广泛用于替代 MATLAB，是一个强大的科学计算环境，有助于我们通过 Python 学习数据科学和机器学习。

NumPy 的核心是 ndarray 对象。这个对象封装了 N 维同种数据类型的数组，许多操作是通过编译的代码执行以提高性能。NumPy 数组和标准 Python 列表之间有以下几点重要区别。

（1）NumPy 数组（ndarray）在创建时具有固定大小，不像 Python 列表可以动态增长。更改 ndarray 的大小将创建一个新数组并删除原始数组。

（2）NumPy 数组中的元素必须是相同的数据类型，因此在内存中大小相同。而 Python 列表中的元素则是任意的数据类型。

（3）NumPy 数组可以在大量数据上执行高级数学和其他类型的操作。通常，这些操作比使用 Python 的内置列表更高效，而且代码较少。

NumPy 在数据科学计算领域中占据重要地位，已经成为 Python 数据科学领域的顶级库之一，这主要得益于其高效的数据处理能力、简洁易用的 API、与其他库的良好兼容性、广泛的应用场景以及强大的社区支持。对于从事数据科学相关工作的人员来说，掌握 NumPy 的使用是非常必要的，理由如下。

（1）NumPy 具备高效的数据处理能力

NumPy 的核心功能是对多维数组进行高效的数学运算。与传统的 Python 列表相比，NumPy 数组具有更高的计算性能。这是因为 NumPy 在底层使用 C 语言进行实现，充分利用了 C 语言在处理大规模数据方面的优势。同时，NumPy 提供了丰富的数学函数，可以对数组进行各种复杂的数学运算，如加法运算、减法运算、乘法运算、除法运算、指数运算、对数运算等。这些函数都是经过优化的，能够在短时间内处理大量数据，从而大大提高数据处理效率。

（2）NumPy 有简洁易用的 API

NumPy 的 API 设计得非常简洁易用，用户只需调用几个函数就能完成复杂的数学运算。这使得 NumPy 成为 Python 数据科学领域的入门必备库。此外，NumPy 还提供了大量的高级功能，如广播机制、切片操作、索引操作等，使得数组操作变得更加灵活和方便。这些功能使得用户能够轻松地处理各种复杂的数据结构，提高了数据处理的效率。

（3）NumPy 与其他库的良好兼容性

NumPy 与 Python 的其他库具有良好的兼容性，这使得用户可以在同一个项目中同时使用多个库，实现数据处理的多样化需求。例如，pandas 库提供了强大的数据处理和分析功能，scikit-learn 库提供了丰富的机器学习算法。这些库都可以与 NumPy 进行无缝对接，共同完成数据处理的任务。

（4）NumPy 具有广泛的应用场景

NumPy 在数据科学领域具有广泛的应用场景。无论是数据分析、机器学习、深度学习、图像处理还是科学计算等领域，NumPy 都发挥着重要作用。例如，在数据分析中，NumPy 可以帮助用户快速处理大量数据，提取有用的信息；在机器学习中，NumPy 提供了丰富的数学运算函数，使得用户能够轻松实现各种算法；在深度学习中，NumPy 可以与 TensorFlow、PyTorch 等框架结合使用，实现高效的神经网络训练。这些应用场景使得 NumPy 成为 Python 数据科学领域不可或缺的库之一。

（5）NumPy 有强大的社区支持

NumPy 拥有一个庞大的用户群体和活跃的社区支持。这意味着用户在使用 NumPy 过程中遇到的问题能够得到及时的解决和反馈。同时，社区还提供了大量的学习资源和教程，帮助用户更好地掌握 NumPy 的使用技巧。这些资源对于初学者来说非常有价值。

安装 NumPy 的唯一先决条件是 Python 本身。对于许多用户，尤其是在 Windows 上，最简单的方法是下载并安装 Python 发行版，其包含所有的关键库（包括 NumPy、SciPy、Matplotlib、

IPython、SymPy，以及 Python 自带的其他库），无须另外再单独安装 NumPy。

10.1　创建 NumPy 数组

NumPy 的主要对象是同质的多维数组。它是一张元素（通常是数字）表，其中的元素全部是相同类型的，通过非负整数的元组索引。在 NumPy 中，维度被称为轴。

例如，三维空间中一个点的坐标的数组 [1，2，1] 有一个轴，该轴有 3 个元素，它的长度就是 3。在下面的例子中，数组有两个轴，第一个轴的长度为 2，第二个轴的长度为 3。

```
[[1., 0., 0.],
 [0., 1., 2.]]
```

NumPy 的数组类称为 ndarray。注意，NumPy 数组的 numpy.array 并不等同于 Python 标准库的 array.array 类，Python 标准库的 array.array 类只处理一维数组并提供较少的功能。NumPy 数组的 ndarray 对象有很多属性，具体如下。

（1）ndarray.ndim：指数组的轴（维度）数量。

（2）ndarray.shape：指数组的维度。这是一个整数元组，指示每个维度上数组的大小。对于一个有 n 行和 m 列的矩阵，shape 将是 (n, m)。因此 shape 元组的长度就是轴的数量，即 ndarray.ndim。

（3）ndarray.size：指数组中元素的总个数。这等于 shape 元素的乘积。

（4）ndarray.dtype：描述数组中元素类型的对象。可以使用标准的 Python 类型创建或指定 dtype。另外，NumPy 提供了自己的类型，如 numpy.int32、numpy.int16 和 numpy.float6 等。

（5）ndarray.itemsize：指数组中每个元素的字节大小。例如，一个 float64 类型的元素数组的 itemsize 是 8（64/8），而一个 complex32 类型的元素数组的 itemsize 是 4（32/8）。ndarray.itemsize 等同于 ndarray.dtype.itemsize。

（6）ndarray.data：包含数组实际元素的缓冲区。一般不使用这个属性，通常使用索引机制来访问数组中的元素。

例 10-1　建立一个 NumPy 数组对象 a，并查看 NumPy 数组对象的属性。

建立一个 NumPy 数组对象 a：

```
import numpy as np
a = np.arange(15).reshape(3, 5)
a
```

程序运行结果：

```
array([[ 0,  1,  2,  3,  4],
       [ 5,  6,  7,  8,  9],
       [10, 11, 12, 13, 14]])
```

查看数组 a 的维度：

```
a.shape
```

程序运行结果：

```
(3, 5)
```

查看数组 a 的轴（维度）数量：

```
a.ndim
```

程序运行结果：

2

查看数组 a 中元素类型的对象：

a.dtype.name

程序运行结果：

'int64'

查看数组 a 中每个元素的字节大小：

a.itemsize

程序运行结果：

8

查看数组 a 中元素的总个数：

a.size

程序运行结果：

15

查看数组 a 的对象类型：

type(a)

程序运行结果：

<class 'NumPy.ndarray'>

NumPy 有多种创建数组的方式，下面分别介绍。

10.1.1　通过列表和其他类数组对象创建数组

使用 numpy.array() 函数通过常规 Python 列表或元组创建 NumPy 数组，创建后数组的类型是从列表中的元素的类型推断出来的。NumPy 要求数组必须包含同一类型的数据，如果类型不匹配，NumPy 将会向上转换。numpy.array() 函数的语法格式如下：

numpy.array(object, dtype=None, copy=True, order='C', subok=False, ndmin=0, like=None)

参数说明如下。

- object：表示一个数组列表，如 [1, 2, 3, 4, 5]；也可以是可迭代对象，如 range(10)；还可以是列表生成式，如 [i**2 for i in range(10)] 。

- dtype：可选参数，可用于更改数组的数据类型。如果未给出 dtype，则 NumPy 将尝试使用可以表示值的默认的数据类型，即由函数自行判断。

- copy：可选参数，当数据源是 ndarray 时表示数组能否被复制，默认是 True。使用 b = numpy.array(a) 即可复制数组 a，并在内存中开辟一个新地址，此时更改 b 中的数据将不会改变 a 中的数据；如果用 b = a，b 会获得 a 指向的数组的内存地址，b 改变时，a 也变了。如果 copy 设为 False，则 b 还是会和 a 指向同一个内存地址。

- order：可选参数，用于指定创建数组时的内存布局。order 参数可以取以下两个值之一：

'C'：即行（C 风格），是 C 语言的内存布局。它指定了以行为主顺序来存储数据，即在内存中，数组的各个行是连续存储的，而各行内的元素则以列为主顺序存储。

'F'：即列（Fortran 风格），是 Fortran 语言的内存布局。它指定了以列为主顺序来存储数据，即在内存中，数组的各个列是连续存储的，而各列内的元素则以行为主顺序存储。

在本章后续内容中出现的 NumPy 其他函数中的 order 参数说明中的行（C 风格）或列（Fortran 风格）均与该描述相同。

- subok：如果为 True，则子类将被传递，否则返回的数组将被强制为基类数组，默认为 False。
- ndmin：可选参数，指定结果数组应具有的最小维数。
- like：类似数组，可选参数，允许创建不是 NumPy 数组的数组。如果传入的类似数组支持 __array_function__ 协议，则结果将由 __array_function__ 协议定义。在这种情况下，NumPy 确保创建一个与通过此参数传入的对象兼容的数组对象。

例 10-2　通过 Python 列表创建一个 NumPy 数组。
```
import numpy as np
list1 = [0, 1, 2, 3, 4, 5]
arr_from_list = np.array(list1)
print(arr_from_list)
arr_from_list.dtype
```
程序运行结果：
```
[0 1 2 3 4 5]
dtype('int32')
```

结果数组的类型是从列表中的元素的类型推断出来的。

例 10-3　通过嵌套列表创建一个 NumPy 二维数组。
```
import numpy as np
arr_from_nested_list = np.array([[0, 1, 2], [3, 4, 5]])
print(arr_from_nested_list)
```
程序运行结果：
```
[[0 1 2]
 [3 4 5]]
```

如果希望明确设置数组的数据类型，可以用 dtype 参数在创建时明确指定。

10.1.2　创建特殊 NumPy 数组

使用 NumPy 内置函数创建一些特殊常量数值的数组是创建数组的一种高效方法。

numpy.zeros()函数用于创建一个全 0 数组，该函数接收一个整数或整数元组作为输入，表示数组的形状，并返回对应形状的全 0 数组。其语法格式如下：
```
numpy.zeros(shape, dtype=float, order='C', like=None)
```
参数说明如下。

- shape：整数或整数元组，表示新数组的形状，例如(2, 3) 或 2。
- dtype：数据类型，可选参数。数组的期望数据类型，例如 numpy.int8，默认为 numpy.float64。
- order：参数含义与 numpy.array()函数的 order 参数含义相同。
- like：类似数组，可选参数，允许创建不是 NumPy 数组的数组。如果传入的类似数组支持 __array_function__ 协议，则结果将由 __array_function__ 协议定义。在这种情况下，NumPy 确保创建一个与通过此参数传入的对象兼容的数组对象。

例 10-4　创建一个形状为 (4，5) 的全 0 NumPy 数组。

```
import numpy as np
zeros_array = np.zeros((4, 5))
zeros_array
```

程序运行结果：

```
array([[0., 0., 0., 0., 0.],
       [0., 0., 0., 0., 0.],
       [0., 0., 0., 0., 0.],
       [0., 0., 0., 0., 0.]])
```

numpy.ones() 函数用于创建全 1 数组，该函数接收一个整数或整数元组作为输入，表示数组的形状，并返回对应形状的全 1 数组。其语法格式如下：

```
numpy.ones(shape, dtype=None, order='C', like=None)
```

该函数的参数含义与 numpy.zeros() 函数的各参数含义相同。

numpy.arange() 是 NumPy 中的一个函数，用于创建增量列表（等差列表）的一维数组，可以灵活地指定起始值、结束值和步长来生成需要的数组。其语法格式如下：

```
numpy.arange([start, ]stop, [step, ]dtype=None, like=None)
```

参数说明如下。

- start：列表的起始值，默认为 0。
- stop：列表的结束值，生成的列表不包含该值。
- step：列表中相邻两个元素之间的步长，默认为 1。
- dtype：返回数组的数据类型。如果未指定，将根据输入参数来推断数据类型。
- like：含义与 numpy.zeros() 函数的 like 参数相同。

此函数会根据指定的起始值、结束值和步长生成一个一维数组。步长可以为正数、负数或零。生成的数组不包含结束值，即生成的数组范围是 [start, stop)。

例 10-5　生成从 16 到 1 的一维数组，步长为 -1。

```
import numpy as np
arr3 = np.arange(16, 0, -1)
print(arr3)
```

程序运行结果：

```
[16 15 14 13 12 11 10  9  8  7  6  5  4  3  2  1]
```

需要注意的是，由于浮点数的精度问题，当使用浮点数作为参数时，可能会导致生成的数组长度不准确。如果需要在浮点数范围内生成一定数量的等间隔的值，可以使用 numpy.linspace() 函数。

numpy.linspace() 函数用于创建一个具有指定间隔的浮点数的数组。其语法格式如下：

```
numpy.linspace(start, stop, num=50, endpoint=True, retstep=False, dtype=None)
```

参数说明如下。

- start：列表的起始值。
- stop：列表的结束值。注意，当 endpoint 为 False 时，步长会发生变化。
- num：可选参数，表示要生成的样本数，默认为 50，且必须是非负数。
- endpoint：可选参数，如果为 True，则 stop 是最后一个样本，否则不包含它，默认为 True。

- retstep：可选参数，如果为 True，则返回样本之间的步长作为第二个输出。
- dtype：可选参数，表示输出数组的类型。如果未给出 dtype，则从 start 和 stop 推断数据类型。推断的 dtype 不会是整数，即使参数指定了整数数组，返回的也会是浮点数。

例 10-6　使用 numpy.linspace()函数生成 10 个数，这些数具有相同的间隔值。

```
import numpy as np
linspace_array = np.linspace(2, 22, 10)
linspace_array
```

程序运行结果：

```
array([ 2.        ,  4.22222222,  6.44444444,  8.66666667, 10.88888889,
       13.11111111, 15.33333333, 17.55555556, 19.77777778, 22.        ])
```

---

numpy.empty()函数用于创建一个给定形状和类型的未初始化的数组，数组的值是内存空间中的任意值，是随机的。numpy.empty()函数与 numpy.zeros()函数不同，不会将数组值设置为零，因此创建速度更快。其语法格式如下：

```
numpy.empty(shape, dtype=float, order='C', like=None)
```

该函数的参数含义与 numpy.zeros()函数的各参数含义相同。

10.1.3　创建矩阵

numpy.eye()函数用于返回一个二维的对角数组即创建单位矩阵，其语法格式如下：

```
numpy.eye(N, M=None, k=0, dtype=<class 'float'>, order='C', like=None)
```

参数说明如下。

- N：表示输出的行数。
- M：可选参数，表示输出的列数，如果没有就默认为 N。
- k：可选参数，表示对角线的索引，默认为 0，表示的是主对角线，负数表示的是下对角线，正数表示的是上对角线。
- dtype：可选参数，表示返回的数据的类型。
- order：参数含义与 numpy.array()函数的 order 参数含义相同。
- like：类似数组，可选参数，允许创建不是 NumPy 数组的数组。如果传入的类似数组支持 __array_function__ 协议，则结果将由 __array_function__ 协议定义。在这种情况下，NumPy 确保创建一个与通过此参数传入的对象兼容的数组对象。

例 10-7　创建一个 5×5 的单位矩阵。

```
import numpy as np
eye_array = np.eye(5)
eye_array
```

程序运行结果：

```
array([[1., 0., 0., 0., 0.],
       [0., 1., 0., 0., 0.],
       [0., 0., 1., 0., 0.],
       [0., 0., 0., 1., 0.],
       [0., 0., 0., 0., 1.]])
```

---

numpy.mat() 函数也用于创建矩阵（必须是二维的），其语法格式如下：

```
numpy.mat(data, dtype=None)
```

参数说明如下。

- data：表示矩阵的数据。
- dtype：表示矩阵中的数据类型，默认是浮点数。

例 10-8　创建一个 3×3 的矩阵，矩阵元素全为 0，数据类型为 int。

```
import numpy as np
zeros_matrix = np.mat(np.zeros((3, 3)), int)
zeros_matrix
```

程序运行结果：

```
matrix([[0, 0, 0],
        [0, 0, 0],
        [0, 0, 0]])
```

10.2　NumPy 数组操作

NumPy 作为 Python 的一个扩展程序库，支持大量的数组与矩阵运算，此外也针对数组操作提供了大量的函数。一旦创建了数组，我们就可以对数组进行操作，下面将介绍一些常用的数组操作和运算。

10.2.1　数组切片和索引

NumPy 数组对象的内容可以通过切片或索引来访问和修改，与 Python 中列表的切片操作一样。NumPy 数组可以基于 $0 \sim n$ 进行索引，切片对象可以通过内置的 slice() 函数并设置 start、stop 及 step 参数从原数组中切割出一个新数组。

例 10-9　将一数组从索引 2 开始到索引 7、以间隔为 2 进行切片后生成新数组。

```
import numpy as np
a_array = np.arange(10)
print(a_array)
b_array = a_array[slice(2, 7, 2)]
b_array
```

程序运行结果：

```
[0 1 2 3 4 5 6 7 8 9]
array([2, 4, 6])
```

例 10-9 中，首先通过 arange() 函数创建 ndarray 对象，然后分别设置起始值、终止值和步长为 2、7 和 2。也可以通过冒号分隔切片参数（即 start:stop:step）来进行切片操作。

例 10-10　将一数组从索引 3 开始到索引 8、以间隔为 3 进行切片后生成新数组。

```
import numpy as np
a_array = np.arange(10)
```

```
b_array = a_array[3:8:3]
b_array
```

程序运行结果:

```
array([3, 6])
```

冒号分隔切片解释: 如果只放置一个参数, 如 [3], 将返回与该索引相对应的单个元素, 如果为 [3:], 表示从该索引开始以后的所有项都将被提取; 如果使用了两个参数, 如 [3:8], 则提取两个索引(不包括结束索引)之间的项。

切片还可以包括省略号 "..." 来使选择元组的长度与数组的维度相同。如果在行位置使用省略号, 将返回包含行中元素的 ndarray。

例 10-11 输出二维数组第 2 列元素、第 2 行元素、第 2 列及剩下的所有元素。

```
a_array = np.array([[1,2,3],[3,4,5],[4,5,6]])
print (a_array[...,1])     # 第 2 列元素
print (a_array[1,...])     # 第 2 行元素
print (a_array[...,1:])    # 第 2 列及剩下的所有元素
```

程序运行结果:

```
[2 4 5]
[3 4 5]
[[2 3]
 [4 5]
 [5 6]]
```

NumPy 比一般的 Python 列表提供更多的索引方式。除了之前看到的用整数和切片的索引外, 高级索引允许使用布尔值或数组来索引数组中的元素。数组可以采用整数数组索引、布尔索引及花式索引。

1. 整数数组索引

整数数组索引指使用一个整数数组作为索引, 可以用来选择数组中的特定元素。

例 10-12 获取 4×3 数组中的 4 个角的元素(即行索引为[0,0]和[3,3], 列索引为[0,2]和[0,2])。

```
import numpy as np
a_array = np.array([[ 0, 1, 2],[ 3, 4, 5],[ 6, 7, 8],[ 9, 10, 11]])
print('数组 a_array: ')
print(a_array)
rows = np.array([[0,0],[3,3]])
cols = np.array([[0,2],[0,2]])
b_array = a_array[rows,cols]
print('数组 a_array 的 4 个角的元素是: ')
print(b_array)
```

程序运行结果:

```
数组 a_array:
[[ 0  1  2]
 [ 3  4  5]
 [ 6  7  8]
 [ 9 10 11]]
```

数组 a_array 的 4 个角的元素是:
```
[[ 0  2]
 [ 9 11]]
```

返回的结果是包含每个角的元素的 ndarray 对象。

2. 布尔索引

布尔索引是根据元素的值来选择要返回的元素的索引方法。其通过一个布尔数组来索引目标数组。布尔索引通过布尔运算（如关系运算）来获取符合指定条件的元素的数组。

例 10-13　获取数组中大于 6 的元素。

```python
import numpy as np
a_array = np.array([[0, 1, 2], [3, 4, 5], [6, 7, 8], [9, 10, 11]])
print('数组 a_array: ')
print(a_array)
print('数组 a_array 中大于 6 的元素是: ')
print(a_array[a_array > 6])
```

程序运行结果:

```
数组 a_array:
[[ 0  1  2]
 [ 3  4  5]
 [ 6  7  8]
 [ 9 10 11]]
数组 a_array 中大于 6 的元素是:
[ 7  8  9 10 11]
```

3. 花式索引

花式索引指的是利用多个整数数组进行索引，从而实现对数组元素的灵活选择和操作。花式索引与切片不一样，它总是将数据复制到新数组中。

例 10-14　有一个 3×4 的二维数组表示 3 个学生的 4 门课程成绩,从该数组中取出第 1 个学生以及第 3 个学生的成绩。

```python
import numpy as np
scores = np.array([[98, 89, 68, 75], [88, 74, 99, 62], [78, 96, 77, 85]])
print('3 个学生成绩: ')
print(scores)
print('通过花式索引获取到的第 1 个学生和第 3 个学生的成绩: ')
print(scores[[0, 2]])
```

程序运行结果:

```
3 个学生成绩:
[[98 89 68 75]
 [88 74 99 62]
 [78 96 77 85]]
通过花式索引获取到的第 1 个学生和第 3 个学生的成绩:
[[98 89 68 75]
 [78 96 77 85]]
```

10.2.2 数组的重构

NumPy 中的 reshape()函数可以在不改变数组元素内容和个数的情况下重构数组的形状。一维数组的重构就是将一行或一列的数组转换为多行多列的数组。

例 10-15 将含有 8 个元素的一维数组重构成(2,4)维度的数组输出。

```
import numpy as np
a_array = np.array([1, 2, 3, 4, 5, 6, 7, 8])
print('一维数组 a_array: ')
print(a_array)
b_array = arr.reshape(2, 4)
print('数组 a_array 重构成(2,4)维度后的数组: ')
print(b_array)
```

程序运行结果:

```
一维数组 a_array:
[1 2 3 4 5 6 7 8]
数组 a_array 重构成(2,4)维度后的数组:
[[1 2 3 4]
 [5 6 7 8]]
```

reshape()函数除了可以将一维数组转换为多维数组,还可以更改多维数组的形状。

数组的转置:NumPy 提供了 T 属性和 transpose()函数来进行数组转置,即元素的位置对应变换,如原先矩阵中元素的位置索引是[1,2],经过转置后变为[2,1]。

例 10-16 使用 T 属性将数组转置后输出。

```
import numpy as np
a_array = np.array([[1, 2, 3, 4], [5, 6, 7, 8], [9, 10, 11, 12]])
print('数组 a_array: ')
print(a_array)
print('数组 a_array 转置后的数组: ')
print(a_array.T)
```

程序运行结果:

```
数组 a_array:
[[ 1  2  3  4]
 [ 5  6  7  8]
 [ 9 10 11 12]]
数组 a_array 转置后的数组:
[[ 1  5  9]
 [ 2  6 10]
 [ 3  7 11]
 [ 4  8 12]]
```

10.2.3 数组和标量间的运算

如果在描绘一个事物的数量特征(及其变化)时只需要用一个数字,这个数字就是标量。比如距离信息，我们只用一个数字，就能标定距离了。

　　用标量（实数）和 ndarray 对象进行加、减、乘、除运算，就是用标量和数组中的每一个元素进行加、减、乘、除运算。这实际上是 ndarray 广播运算机制的一种体现。

　　NumPy 允许向量和标量之间进行多种算术操作，如加法、减法、乘法、除法等。这些操作是按元素进行的，也就是说，标量会和向量中的每个元素分别进行运算。例如一数组标量表示以英里为单位的距离信息，现在想将其转换为以公里为单位的距离信息，就可以通过数组和标量间的乘法运算来实现。

例 10-17　将以英里为单位的距离信息转换为以公里为单位的距离信息。

```
data = np.array([3.0, 9.0, 17])
print('以英里为单位的距离信息：')
print(data)
data1 = data * 1.609344
print('转换后的以公里为单位的距离信息：')
print(data1)
```

程序运行结果：

以英里为单位的距离信息：
[3. 9. 17.]
转换后的以公里为单位的距离信息：
[4.828032 14.484096 27.358848]

10.2.4　通用函数

　　NumPy 提供了一些熟悉的数学函数，如 mean()、add() 和 exp() 等，在 NumPy 中，这些函数被称为"通用函数"。使用这些函数对数组进行逐元素操作，不需要用户自己写循环语句来进行运算，产生一个数组作为输出。当使用相关的中缀符号时，一些通用函数会自动在数组运算时被调用，例如，a 和 b 是 ndarray，运行 a + b 时，内部会调用 add(a, b)。

　　常用的通用函数有以下几种。

- fabs()：返回数组逐元素的绝对值。
- sqrt()：计算各元素的非负平方根。
- square()：返回数组逐元素的平方。
- exp()：计算输入数组中所有元素以自然常数 e 为底的指数。
- log()：计算输入数组中所有元素以自然数为底的对数。
- add()：逐元素相加。
- subtract()：逐元素相减。
- multiply()：逐元素相乘。
- divide()：逐元素相除。
- power()：逐元素幂运算。
- amax()：返回数组、矩阵中的最大值。
- amin()：返回数组、矩阵中的最小值。
- pyp()：统计最大值与最小值之差。

- median()：统计数组中的中位数。
- mean()：统计数组的平均数。
- average()：统计数组中的加权平均数。
- std()：统计数组的标准差。
- var()：统计数组的方差。

例 10-18 NumPy 通用函数示例 1。

```
import numpy as np
arr = np.array([-1, 1])
np.fabs(arr)
```

程序运行结果：

```
array([1, 1])
```

例 10-19 NumPy 通用函数示例 2。

```
import numpy as np
arr1 = np.arange(1, 4)
arr2 = np.arange(11, 14)
print(arr1)
print(arr2)
print(np.divide(arr1, arr2))
```

程序运行结果：

```
[1 2 3]
[11 12 13]
[0.09090909 0.16666667 0.23076923]
```

10.2.5 矩阵操作

矩阵运算在线性代数中占有重要的地位。NumPy 对矩阵操作做了特殊的优化。NumPy 通过向量化避免许多 for 循环来更有效地执行矩阵操作。NumPy 常见的矩阵操作有以下几种。

1. 内积

使用 inner()函数计算内积（inner product）。该函数接收两个大小相等的向量，并返回一个数字（标量）。这是通过将每个向量中相应的元素相乘并将所有这些乘积相加来计算的。在 NumPy 中，向量被定义为一维 NumPy 数组。

例 10-20 计算内积。

```
import numpy as np
a = np.array([1, 2, 3])
b = np.array([0, 1, 0])
print("a = ", a)
print("b = ", b)
print("a 与 b 的内积是: ")
print(np.inner(a, b))
```

```
程序运行结果:
a = [1 2 3]
b = [0 1 0]
a 与 b 的内积是:
2
```

2. 点积

使用 dot() 函数计算点积 (dot product)。点积是为矩阵定义的,它是两个矩阵中相应元素的乘积的和。为了得到点积,第一个矩阵的列数应该等于第二个矩阵的行数。

3. 转置

矩阵的转置是通过行与列的交换得到的。NumPy 提供了 T 属性和 transpose() 函数来进行转置操作,与数组的转置操作相同,详见 10.2.2 节。

4. 秩

矩阵的秩 (rank) 是由它的列或行生成的向量空间的维数。换句话说,秩可以被定义为线性无关的列向量或行向量的最大个数。

可以使用 NumPy 库的 linalg 模块中的 matrix_rank() 函数来计算矩阵的秩。

5. 行列式

行列式是一个方阵线性变换对应矩阵的特征值之积,也可以看作一个标量,描述了一个矩阵的某些性质,例如可逆性、面积、体积等。行列式的计算涉及交错和的概念,通常使用拉普拉斯展开式、高斯消元法等进行计算。

使用 det() 函数计算方阵的行列式,该函数也来自 NumPy 库的 linalg 模块。如果行列式是 0,则这个矩阵是不可逆的,在代数术语中,它被称为奇异矩阵。

例 10-21　计算行列式。

```
import numpy as np
a = np.array([[2, 2, 1], [1, 3, 1], [1, 2, 2]])
print("a = ")
print(a)
det = np.linalg.det(a)
print("方阵 a 的行列式是: ", np.round(det))
```

```
程序运行结果:
a =
[[2 2 1]
 [1 3 1]
 [1 2 2]]
方阵 a 的行列式是: 5.0
```

6. 矩阵的逆

矩阵的逆通过 NumPy 库的 linalg 模块中的 inv() 函数计算。如果方阵的行列式不为 0,它的逆矩阵就为真。

7. 扁平化

矩阵扁平化是指将一个矩阵变为一维数组,可以使用 flatten() 函数实现。

由于有了 NumPy 库，只需一两行代码就可以轻松地执行矩阵操作。

在 scikit-learn 机器学习库中，本节介绍的部分矩阵操作在创建和拟合模型时是在后台进行工作的。例如，当我们使用 scikit-learn 库中的 PCA()函数时，特征值和特征向量就是在后台计算的。scikit-learn 和许多其他的库如 pandas、Seaborn、Matplotlib 等都是建立在 NumPy 之上的。

10.2.6 数组排序

数组排序意味着将元素按特定顺序排列，顺序可以是数字大小、字母顺序、升序或降序等。NumPy 的 ndarray 对象提供了 sort()函数，用于对数组进行排序。其语法格式如下：

```
numpy.sort(a, axis=-1, kind=None, order=None)
```

参数说明如下。

- a：表示要排序的数组。
- axis：可选参数，用于排序的轴。如果为 None，则在排序之前将数组扁平化。默认值为-1，表示沿着最后一个轴排序。
- kind：可选参数，取值为{'quicksort', 'mergesort', 'heapsort', 'stable'}，表示排序算法，默认为'quicksort'。
- order：可选参数，当 a 是一个定义了字段的数组时，这个参数指定了首先比较哪个字段。

例 10-22 数组排序。

```
import numpy as np
a = np.array([[1,4], [3,1]])
print("a = ")
print(a)
print("将 a 沿最后一个轴排序后：")
print(np.sort(a))
```

程序运行结果：

```
a =
[[1 4]
 [3 1]]
将 a 沿最后一个轴排序后：
[[1 4]
 [1 3]]
```

注意

sort() 函数会返回数组的副本，原始数组不会被修改。可以对字符串数组、布尔数组等其他数据类型进行排序。

10.2.7 统计函数

NumPy 提供了用于数据统计分析的各种统计函数。下面介绍一些常用的统计函数。

amin()和 amax()函数分别用于查找指定轴上数组元素的最小值和最大值。

例 10-23　从数组中找出最小和最大元素。

```
import numpy as np
a = np.array([[2, 10, 20], [80, 43, 31], [22, 43, 10]])
print("原始数组: ")
print(a)
print("数组中最小元素: ", np.amin(a))
print("数组中最大元素: ", np.amax(a))
print("数组列中最小元素: ", np.amin(a, 0))
print("数组列中最大元素: ", np.amax(a, 0))
print("数组行中最小元素: ", np.amin(a, 1))
print("数组行中最大元素: ", np.amax(a, 1))
```

程序运行结果:

```
原始数组:
[[ 2 10 20]
 [80 43 31]
 [22 43 10]]
数组中最小元素:  2
数组中最大元素: 80
数组列中最小元素:  [ 2 10 10]
数组列中最大元素: [80 43 31]
数组行中最小元素:  [ 2 31 10]
数组行中最大元素: [20 80 43]
```

ptp() 函数用于返回数组某个轴方向的峰间值, 即最大值和最小值之差。

百分位数是统计中使用的度量, 表示小于这个值的观察值占总数的百分比。例如, 第 80 个百分位数是这样一个值, 它使得至少有 80% 的数据项小于或等于这个值, 且至少有 (100-80)% 的数据项大于或等于这个值。percentile() 函数用于计算百分位数, 其语法格式如下:

numpy.percentile(a, q, axis=None, out=None, overwrite_input=False, method='linear', keepdims=False, interpolation=None)

参数说明如下。

- a: 输入数组或可转换为数组的对象。
- q: 要计算的百分位数的百分比或百分比列表, 值必须介于 0 和 100 之间 (包括边界)。
- axis: 计算百分位数的轴方向, 默认是将数组扁平化以后再计算百分位数。
- out: 可选参数, 替代输出数组, 必须具有与预期输出相同的形状和缓冲区长度。
- overwrite_input: 可选参数, 如果设置为 True, 则允许中间计算时修改输入数组 a, 以节省内存。
- method: 可选参数, 指定用于估计百分位数的方法。
- keepdims: 可选参数, 如果设置为 True, 则缩减的轴将作为大小为 1 的维度保留在结果中。
- interpolation: 可选参数, 有 {'linear', 'lower', 'higher', 'midpoint', 'nearest'} 五种可选参数, 表示不同种类的插值方式。

median() 函数用于计算数组项的中值, 可以指定轴方向。中值是一组数值中, 排在中间位置的值。mean() 函数用于计算数组的平均值, 可以指定轴方向。average() 函数用于计算数组的加权平均值, 权重用另一个数组表示, 并作为参数传入, 可以指定轴方向。

10.3 用 NumPy 处理线性代数的相关计算

数据挖掘理论离不开线性代数的计算，如矩阵乘法、矩阵分解、行列式求解等。调用 NumPy 库的 linalg 模块可以解决各种线性代数相关的计算，该模块提供了线性代数所需的大部分功能。

表 10-1 所示是 NumPy 库中有关线性代数的重要函数。

表 10-1　NumPy 库中有关线性代数的重要函数

函数	说明
numpy.zeros()	生成零矩阵
numpy.eye()	生成单位矩阵
numpy.dot()	计算两个数组的点积
numpy.diag()	矩阵主对角线元素与一维数组间的转换
numpy.ones()	生成所有元素为 1 的矩阵
numpy.transpose()	矩阵转置
numpy.inner()	计算两个数组的内积
numpy.trace()	计算矩阵的迹（矩阵主对角线元素的和）
numpy.linalg.eig()	计算矩阵的特征值与特征向量
numpy.linalg.eigvals()	计算矩阵特征值
numpy.linalg.det()	计算矩阵行列式
numpy.linalg.inv()	计算矩阵的逆
numpy.linalg.pinv()	计算矩阵的伪逆
numpy.linalg.solve()	计算 $ax=b$ 的解
numpy.linalg.qr()	计算 QR 分解
numpy.linalg.lstsq()	计算 $ax=b$ 的最小二乘解
numpy.linalg.svd()	计算奇异值分解
numpy.linalg.norm()	计算向量或矩阵的范数

10.3.1　向量化运算

NumPy 实现向量化运算的核心是使用了 ndarray 对象。这些数组对象可以表示多维数据结构，例如矩阵、张量等。在 NumPy 中，向量化运算可以分为以下两类。

（1）通用函数的向量化运算。通用函数是一种可以对数组进行逐元素操作的函数。NumPy 中的通用函数可以自动地将逐元素操作转化为向量化运算，从而达到较快的计算速度。

例 10-24　对数组的逐元素平方操作。

```
import numpy as np
x = np.array([1, 2, 3])
y = np.square(x)
print(y)
```

程序运行结果：

```
[1 4 9]
```

（2）数组之间的向量化运算。NumPy 中的数组之间可以进行逐元素的运算，例如加、减、乘、除等。这些运算在底层使用了 C 语言的循环，从而达到较快的计算速度。

Numpy 中的向量化运算可以使得代码更加简洁、易读，同时也可以提高计算速度，因此在科学计算、数据分析等领域得到了广泛应用。

10.3.2　特征值与特征向量

假设 A 是一个 $n\times n$ 矩阵，如果有一个非零向量 x 满足下列方程，则 λ 标量称为 A 的特征值，向量 x 称为与 λ 相对应的 A 的特征向量。

$$Ax = \lambda x$$

在 NumPy 中，可以使用 NumPy 库的 linalg 模块中的 eig() 函数同时计算特征值和特征向量。

例 10-25　计算特征值和特征向量。

```
import numpy as np
a = np.array([[2, 2, 1], [1, 3, 1], [1, 2, 2]])
print("a = ")
print(a)
w, v = np.linalg.eig(a)
print("a 的特征值是: ")
print(w)
print("a 的特征向量是: ")
print(v)
```

程序运行结果：

```
a =
[[2 2 1]
 [1 3 1]
 [1 2 2]]
a 的特征值是:
[5. 1. 1.]
a 的特征向量是:
[[ 0.57735027  0.16903085 -0.79970556]
 [ 0.57735027 -0.50709255  0.53555105]
 [ 0.57735027  0.84515425 -0.27139654]]
```

例 10-25 中，特征值的总和（1+5+1=7）等于同一个矩阵的迹（2+3+2=7），特征值的乘积（1×5×1=5）等于同一个矩阵的行列式（5）。特征值和特征向量在主成分分析（Principal Component Analysis，PCA)中非常有用。在主成分分析中，相关矩阵或协方差矩阵的特征向量代表主成分（最大方差方向），其对应的特征值代表每个主成分解释的变化量。

10.3.3　用 NumPy 求线性方程组的解

例 10-26　假设有一个水果店早上出售了 20kg 苹果和 10kg 橙子，总价为 350 元，下午又以 500 元的价格出售了 17kg 苹果和 22kg 橙子。如果一天内的水果价格都保持不变，那么 1kg 苹果和 1kg 橙子的价格分别是多少？

使用线性方程组可以轻松解决此问题。线性方程组是两个或多个涉及同一组变量的线性方程的集合。求解线性方程组的最终目标是找到未知变量的值。

假设 1kg 苹果的价格为 x，1kg 橙子的价格为 y。上面的问题可以转换成如下线性方程组：

$$\begin{cases} 20x + 10y = 350 \\ 17x + 22y = 500 \end{cases}$$

为了求解该线性方程组，需要找到 x 和 y 变量的值。解决方法有多种，在本节中仅介绍使用 NumPy 矩阵求解的方法。

在矩阵求解过程中，先将求解的线性方程组以矩阵形式表示成 $Aa = b$ 的形式。该线性方程组用矩阵形式表示如下：

A = [[20   10]
　　　 [17   22]]

a = [[x]
　　　 [y]]

b = [[350]
　　　 [500]]

其中 A 是一个矩阵，b 是一个向量，将方程组的系数矩阵 A 和右侧向量 b 构建成 NumPy 数组。

方法一：使用 numpy.linalg.solve() 函数来求解线性方程组。

代码如下：

```
import numpy as np
A = np.array([[20, 10], [17, 22]])
b = np.array([350, 500])
a = np.linalg.solve(A, b)
print(a)
```

程序运行结果：

```
[10. 15.]
```

运行结果显示，1kg 苹果的价格为 10 元，1kg 橙子的价格为 15 元。

方法二：使用 numpy.linalg.inv() 和 numpy.linalg.dot() 函数来求解线性方程组。

首先使用 numpy.linalg.inv() 函数计算出 A 矩阵的逆矩阵，再使用 numpy.linalg.dot() 函数计算逆矩阵和 b 矩阵的点积。需要注意的是，只有在矩阵的维度相等的情况下，才可以在矩阵之间计算矩阵点积，即左矩阵的列数必须与右矩阵的行数匹配。

代码如下：

```
import numpy as np
A = np.array([[20, 10], [17, 22]])
b = np.array([350, 500])
a = np.linalg.inv(A).dot(b)
print(a)
```

程序运行结果：

```
[10. 15.]
```

运行结果显示，1kg 苹果的价格为 10 元，1kg 橙子的价格为 15 元。

这里只介绍了一个简单的例子，NumPy 提供了更多的线性代数工具，可以根据具体的需求进行更复杂的计算。

思维导图

本章思维导图如图 10-1 所示。

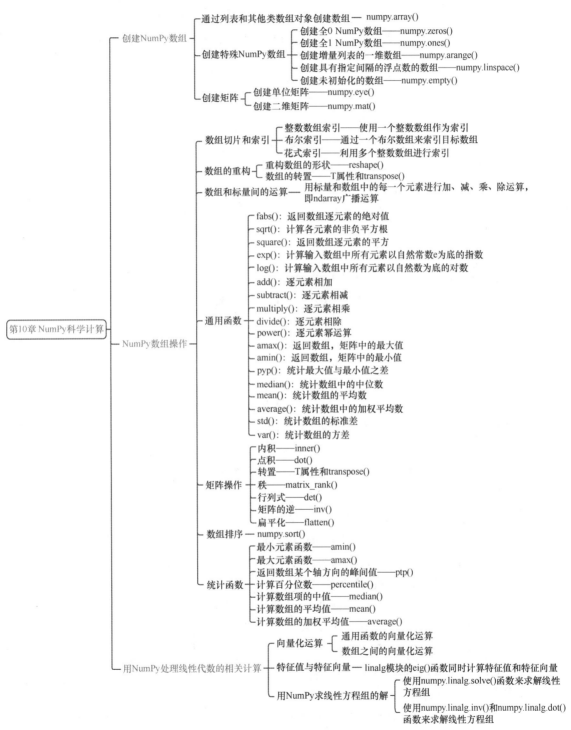

图 10-1　本章思维导图

课后习题

一、选择题

1. 在 NumPy 中，创建一个全为 0 的二维数组应使用（　　）函数。
   A. zeros()　　　　B. ones()　　　　　C. empty()　　　　D. numpy.eye()

2. 以下（　　）不是 NumPy 的数据类型。
   A. int32　　　　　B. float64　　　　　C. list　　　　　　D. int64

3. NumPy 中用于数组切片的操作是（　　）。
   A. index　　　　　B. slice()　　　　　C. []　　　　　　　D. ()

4. 要获取 NumPy 数组的维度信息，可以使用（　　）参数。
   A. size　　　　　B. shape　　　　　　C. dtype　　　　　D. ndim

5. NumPy 数组与标量进行运算时，会（　　）。
   A. 逐个元素进行运算　　　　　　　B. 整体进行运算
   C. 报错　　　　　　　　　　　　　D. 进行取模运算

二、判断题

1. NumPy 是一个用于处理数组的 Python 库。（　　）

2. 在 NumPy 中，最重要的数据类型是 ndarray，它是一个多维数组对象。（　　）

3. NumPy 支持多维数组操作。（　　）

4. 创建一个 NumPy 数组时，需要指定其形状和数据类型。（　　）

5. NumPy 使用 Fortran 数组存储方式。（　　）

6. NumPy 中的广播机制允许对不同形状的数组进行数学运算。（　　）

7. NumPy 提供了一维、二维和三维数组数据结构。（　　）

8. NumPy 支持广播机制，可以自动扩展数组维度。（　　）

9. 使用 NumPy 进行矩阵运算时，可以使用 numpy.square() 函数进行点积运算。（　　）

10. NumPy 中的数组操作都是向量化操作，执行效率高。（　　）

三、填空题

1. 在 NumPy 中，用于创建等差数组的函数是＿＿＿＿＿＿。

2. NumPy 中的＿＿＿＿＿＿函数可以计算数组元素的平均值。

3. 要将 NumPy 数组展平为一维数组，可以使用＿＿＿＿＿＿函数。

4. NumPy 中用于数组转置的属性是＿＿＿＿＿＿。

5. 一个 NumPy 数组的形状可以通过＿＿＿＿＿＿属性获取。

6. 用 NumPy 生成一个 3 行 4 列的随机数组可以使用＿＿＿＿＿＿函数。

7. NumPy 中数组的元素数据类型通过＿＿＿＿＿＿属性查看。

8. NumPy 中用于创建全 1 数组的函数是＿＿＿＿＿＿。

四、简答题

1. 请简述 NumPy 数组和 Python 列表的主要区别。

2. 创建一个 10×10 的 ndarray 对象，且矩阵边界全为 1，里面全为 0。

3．创建 [1, 2, 4, 8, 16, 32, 64, 128, 256, 512, 1024] 的等比数列。

4．根据第 3 列大小顺序来对一个 5×5 矩阵排序。

5．创建一个值域范围为 20 到 59 的向量。

章节实训

一、实训内容

数据分析与预测。

二、实训目标

1．学会使用 NumPy 进行数据读取和预处理。

2．掌握基本的数据分析方法，如计算均值、方差等。

3．能够使用 NumPy 实现简单的线性回归模型。

三、实训思路

在数据分析和机器学习中，常常需要对数据进行处理和分析，以建立预测模型。本实训将使用 NumPy 对一组给定的数据集进行处理和分析，最终建立一个简单的线性回归模型进行预测。

1．数据读取与预处理

从 CSV 文件中读取数据，检查数据是否存在缺失值，并进行处理，将数据分为特征和标签两部分。

2．数据分析

计算特征的均值、方差、最大值和最小值，绘制特征的直方图，观察数据分布情况。

3．线性回归模型构建

使用最小二乘法实现线性回归模型，训练模型并计算模型的参数（斜率和截距）。

4．模型评估与预测

使用训练好的模型对新数据进行预测，计算模型的均方误差（Mean Square Error，MSE），评估模型的性能。

第11章
Python 机器学习

学习目标

掌握机器学习的 3 种基本方法，即分类、回归和聚类；理解分类的特征选择和信息增益；掌握决策树的使用方法；掌握回归方法的使用；掌握聚类的使用方法。

本章导读

鸢尾花数据集的机器学习

花朵，是大自然赋予人类的礼物。"桃李不言，下自成蹊"，使用花朵，可以传递人们的丰富情感和美好祝福，使得相互的关系变得更加紧密和友好。"梨花李花白斗白，桃花杏花红映红"，摆放不同花束，能营造出愉悦的氛围和美丽的景观，从而提升生活的品质。美丽的花朵，表达了人们对美好生活的向往，这会对生活的幸福和经济的发展起到赋能增值的作用。因此，对花朵进行机器学习，得出一些有意义的结论，是一件很值得期待的事。在这里，选取鸢尾花进行机器学习。

那么，如何对鸢尾花数据集进行机器学习呢？

随着大数据分析、机器学习和人工智能的日益流行，Python 作为当前非常流行的一种数据可视化分析和人工智能语言，越来越凸显其重要性了。在本章中，主要围绕 Python 的 sklearn 库（全称为 scikit-learn）进行学习。sklearn 是基于 NumPy、SciPy 和 Matplotlib 构建的一个机器学习工具，它能支持并完成分类、回归、聚类、降维、模型选择和预处理等方面的机器学习工作。

机器学习的各种算法根据学习进行划分，主要划分为监督学习、无监督学习和半监督学习这三大类。监督学习主要的两大任务是分类和回归，无监督学习的典型代表是聚类，而半监督学习介于监督学习和无监督学习之间，是两者的结合。

本章主要结合鸢尾花数据集，围绕分类、回归和聚类 3 种算法进行介绍。

11.1 分类

20 世纪美国著名的教育家、哲学家约翰·杜威（John Dewey）认为"所有知识都是分类"。分类在现实生活中无处不在。在学习、工作和生活中，我们可以对所有的对象、事物、行为、思想、知识和概念进行分类。分类的应用范围非常广泛，越是高品质的生活，越会拥有复杂的分类。毕竟，许多时候，思维的敏锐度、表达的清晰度、沟通的准确性最终取决于分类。没有不断地分类，社会的发展是不可能实现的。

在 Python 中，典型的分类活动就是对决策树的学习。

决策树是一种树形结构，其组成包括节点（node）和有向边（directed edge）。而节点有两种类型，分别是内部节点（internal node）和叶子节点（leaf node）。其中，每个内部节点表示一个属性特征，每个叶子节点表示一个类别。由于在每个节点上，决策树都会选择一个最佳的特征进行划分，以最大程度地提高分类的纯度。因此，特征选择是进行决策树分析的第一步。

11.1.1　特征选择的引入

特征选择，是指从训练数据的特征中选择一个特征作为当前节点的分裂标准（特征选择的标准不同产生了不同的特征决策树算法）。

特征选择决定了使用哪些特征来做判断。在训练数据集中，每个数据样本的属性可能有很多个，不同属性的作用有大有小。因而特征选择的作用就是筛选出与分类结果相关性较高的特征，也就是分类能力较强的特征。

鸢尾花（iris）数据集是 Python 自带的一个数据集，最初是由埃德加 · 安德森（Edgar Anderson）测量而得，而后著名的统计学家和遗传学家罗纳德 · 艾尔默 · 费希尔（Ronald Aylmer Fisher）在其 1936 年发表的文章中使用了这个数据集。

该数据集是一类多重变量分析的数据集。该数据集中包含 150 个数据，分为 3 类，每类 50 个数据，每个数据包含 4 个特征。可通过花萼长度（sepal length）、花萼宽度（sepal width）、花瓣长度（petal length）、花瓣宽度（petal width）这 4 个特征，来预测鸢尾花属于 setosa（山鸢尾）、versicolor（杂色鸢尾）和 virginica（弗吉尼亚鸢尾）这 3 个种类中的哪一类。

该数据集位于 Python 或 Anaconda 软件的···\Lib\site-packages\sklearn\datasets\data 文件夹中，命名为 iris. csv。因此，可以通过 sklearn 库对数据集进行载入，代码如下：

```
#数据集的载入
from sklearn import datasets
iris_dataset=datasets. load_iris ()
```

数据集载入后，可以通过如下两行代码，看到 iris 的全部信息和 4 个特征。

```
print (iris_dataset)      #输出数据集的全部信息
print (iris_dataset. feature_names)      #输出数据集的特征
```

其中，表示 iris 数据集的特征的代码如下：

```
['sepal length (cm)', 'sepal width (cm)', 'petal length (cm)', 'petal width (cm)']
```

明确了 iris 数据集的特征，就进行特征选择的进一步学习。

常用的特征选择指标有信息增益、信息增益率、基尼系数等。在决策树中，信息增益通常用于 ID3 算法，信息增益率通常用于 C4.5 算法，基尼系数通常用于 CART（Classification And Regression Tree，分类与回归树）算法。下面对信息熵、信息增益、信息增益率和基尼系数进行介绍。

11.1.2　特征选择指标的计算

1. 信息熵

为了对特征的选择进行最优划分，使得划分的过程中，所包含的数据尽可能地属于同一类别，即节点的"纯度"越来越高，引入了信息熵（information entropy）这一概念。

信息熵由克劳德·香农（Claude Shannon）在 20 世纪 40 年代提出，它是信息论的一个基本概念，用于描述和度量信息的不确定性，同时也是度量数据集纯度常用的一种指标，表示数据的混乱程度。

假定在当前的数据集 D 中，第 i 类数据所占的比例为 p_i（$i=1, 2, 3, \cdots, n$），则将该数据集的信息熵定义为：

$$\text{Ent}(D) = -\sum_{i=1}^{n} p_i \log_2 p_i \tag{11-1}$$

这个公式表明，一个事件的不确定性与该事件发生的概率有关，事件发生的概率越小则带来的信息越大。因此，$\text{Ent}(D)$ 的值越小，纯度越高。若 $p=0$，则 $p\log_2 p = 0$，$\text{Ent}(D) = 0$，最大值为 $\log_2 n$。绘制信息熵的代码如下：

```python
#计算并绘制信息熵
import numpy as np
import matplotlib.pyplot as plt

x=np.arange(0.01,1,0.01)       #构造数据
y=-x*np.log2(x)       #绘制函数曲线

plt.xlabel("p(x)")
plt.ylabel("H(x)")
plt.title('信息熵')

plt.plot(x,y)
plt.grid()       #添加网格线
plt.show()
```

程序运行结果如图 11-1 所示。

在分类中，可以将信息熵理解为"不纯度"。纯度高意味着在数据集里要进行分类的某一种类型占比会很高，而纯度低意味着分类的各个类型占比近似，很难进行区分。因此，$\text{Ent}(D)$ 的值越接近 0，分类越成功；$\text{Ent}(D)$ 的值越接近 1，则分类还需要改进。

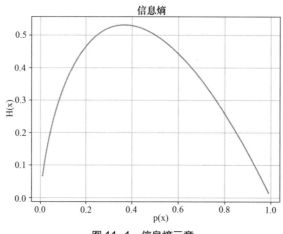

图 11-1　信息熵示意

2. 信息增益

信息增益是基于信息熵而定义的。通过信息熵，可以计算出不纯度，如果把分类前后的不纯度相减，就可以得到一种叫作"纯度提升值"的指标，即信息增益。其公式定义如下：

$$\text{Gain}(D,A) = H(D) - H(D|A) \tag{11-2}$$

其中，

$$H(D|A) = \sum_{i=1}^{n} \frac{|D_i|}{D} H(D_i) = -\sum_{i=1}^{n} \frac{|D_i|}{D} \sum_{j=1}^{m} \frac{|D_{ij}|}{D_i} \log_2 \frac{|D_{ij}|}{D_i} \tag{11-3}$$

在上述公式中，$H(D)$ 表示分类前数据集 D 的信息熵，$H(D|A)$ 表示分类后基于特征 A 的信息熵（也称为条件熵），D_i 表示特征 A 对数据集 D 划分的子集，$\frac{|D_i|}{D}$ 表示给每个子集根据其数据量的不同而赋予的权重，n 表示特征 A 的分类总数，m 表示目标分类的类别总数，D_{ij} 表示每个特征分类子集 D_i 中目标分类后的子集，$\frac{|D_{ij}|}{D_i}$ 表示每个特征分类子集中，各目标分类子集所占的比例。

通常，信息增益越大，则意味着使用特征 A 来进行划分所获得的"纯度提升"就越大。因此，我们可以根据信息增益来选择节点，一般会选择信息增益最大的特征作为划分节点。

因此，分类决策树就是从根节点出发，对节点计算所有特征的信息增益，选择信息增益最大的特征作为节点特征，并根据该特征的不同取值建立子节点。而且，对每个子节点再根据相同的算法生成新的子节点，以此类推，递归计算，各子节点之间互不干扰，直到信息增益很小或者没有特征可以选择为止。

3. 信息增益率

为了解决信息增益的使用过程中，对属性种类较多的特征会有所偏好这个问题，引入了信息增益率。

C4.5 决策树算法不直接使用信息增益，而是使用信息增益率来选择最优划分属性。信息增益率的公式定义如下：

$$\text{GainRatio}(D,A) = \frac{\text{Gain}(D,A)}{\text{SplitInfo}(D,A)} \tag{11-4}$$

其中，

$$\text{SplitInfo}(D,A) = -\sum_{i=1}^{n} \frac{|D_i|}{|D|} \log_2 \frac{|D_i|}{|D|} \tag{11-5}$$

在上述公式中，$\text{Gain}(D,A)$ 就是 ID3 算法中的信息增益，而划分信息 $\text{SplitInfo}(D,A)$ 表示按照特征 A 划分数据集 D 的广度和均匀性。因此，特征 A 的取值数据越多，其平衡项的值就越大，信息增益率也就越小，这也反映出信息增益率对取值数据较少的特征会有所偏好。C4.5 算法就是利用信息增益率来进行特征选择的，它采用先从候选的划分特征中找出信息增益高于平均水平的特征，再从中选择信息增益率最高的方法，来进行最优选择，从而划分特征。

4. 基尼系数

基尼系数 $\text{Gini}(D)$ 反映的是集合 D 的不确定程度，与熵的含义相似。基尼系数用于 CART 算法，其公式定义如下：

$$\text{Gini}(D) = 1 - \sum_{k=1}^{K} \left(\frac{|C_k|}{|D|} \right)^2 \qquad (11\text{-}6)$$

其中，C_k 是 D 中属于第 k 类的数据子集。

如果数据集 D 被某个特征 A（是否取某个值）分成两个数据集 D_1 和 D_2，则在特征 A 的条件下，集合 D 的基尼系数定义为：

$$\text{Gini}(D, A) = \frac{D_1}{D} \text{Gini}(D_1) + \frac{D_2}{D} \text{Gini}(D_2) \qquad (11\text{-}7)$$

$\text{Gini}(D, A)$ 反映的是经过特征 A 划分后，集合 D 的不确定程度。所以在决策树分裂选取特征的时候，要选择使基尼系数最小的特征，但是，要注意信息增益是选择最大值，因此，这个值要选择相反的。

由上述可知，信息熵代表了混乱的程度。信息熵的值越小，信息增益越大，其纯度也越高。而基尼系数的值则表示了类别不一致的概率，基尼系数的值越小，其纯度越高。

关于信息增益、信息增益率和基尼系数的 Python 代码，在这里不进行阐述，有兴趣的读者可以自行钻研。

11.1.3 决策树的可视化

决策树的生成涉及数据的收集和清洗、训练集和测试集的构造，以及算法的使用和可视化等。

1. 数据的分析

为了生成 iris 数据集的决策树，需要先知道该数据集的相关信息，这可以通过以下代码来获得。

```
print(iris_dataset.keys())
```

代码运行结果如下：

```
dict_keys(['data', 'target', 'frame', 'target_names', 'DESCR', 'feature_names', 'filename', 'data_module'])
```

在以上结果中，'data' 表示数据本身有 4 个特征，是一个 150 行 4 列的数组；'target' 表示每个样本的标签（0 表示 setosa，1 表示 versicolor，2 表示 virginica），是一个 1 行 150 列的数组；'frame' 是对象，它是一种用于表示执行栈中的函数调用的数据结构，每个正在执行的函数都有一个相应的 frame 对象，在这里不会产生任何输出，可略过；'target_names' 表示 3 种鸢尾花的名称，分别是 setosa（山鸢尾）、versicolor（杂色鸢尾）和 virginica（弗吉尼亚鸢尾）；'DESCR' 表示该数据集的描述信息，如来源、特征、目标和用途等，可略过；'feature_names' 表示 4 个特征的名称，分别是 sepal length (cm)、sepal width (cm)、petal length (cm) 和 petal width (cm)；'filename' 表示该数据集的文件名称，即 iris.csv；'data_module' 表示该数据集的来源和存储位置。

2. 决策树的生成

由于 iris 数据集包含 4 个特征，因此根据这 4 个特征来预测鸢尾花类型。在这里，使用决策树分类器（decision tree classifier）模型，把变量 X 赋值给特征（features），y 赋值给目标（target），把数据拆分为训练集和测试集。其中，train_test_split() 函数可以打乱数据集中的数据并进行拆分，通常是将 75% 的数据作为训练集，剩下 25% 的数据作为测试集。训练集用于训练并生成决策树模型，测试集用于对模型进行评估。训练集与测试集的分配比例可以是随意的，但是，使用 25% 的数据作为测试集是很好的经验法则。

相应的代码如下：

```
from sklearn.model_selection import train_test_split
X=iris_dataset['data']
y=iris_dataset['target']

#为了确保多次运行能够得到相同的输出，可使用 random_state 参数指定随机数生成器的种子
X_train, X_test, y_train, y_test=train_test_split(X, y, random_state=0)

print("X_train shape: {}".format(X_train.shape))
print("y_train shape: {}".format(y_train.shape))
print("X_test shape: {}".format(X_test.shape))
print("y_test shape: {}".format(y_test.shape))
```

程序运行结果如下：

```
X_train shape: (112, 4)
y_train shape: (112,)
X_test shape: (38, 4)
y_test shape: (38,)
```

以上结果表明，已经把数据集拆分为训练集与测试集，其中训练集中有 112 组数据，测试集中有 38 组数据，基本符合 75% 与 25% 的分配比例。

接着，根据以上情况，使用训练集，创建并生成决策树分类器，相应的代码如下：

```
from sklearn.tree import DecisionTreeClassifier
DecisionTree=DecisionTreeClassifier(random_state=0)     #创建决策树分类器
DecisionTree.fit(X_train, y_train)     #使用训练集生成决策树分类器
```

程序运行结果如图 11-2 所示。

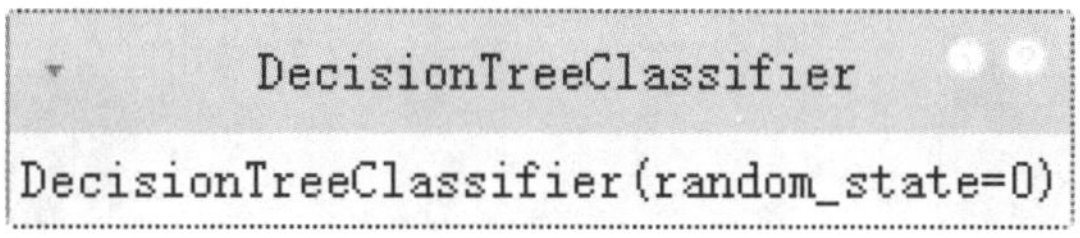

图 11-2　决策树分类器

3. 决策树可视化

随后，进行决策树的绘制。在 Python 中，实现决策树可视化的库通常有 Graphviz 和 Matplotlib，由于 Graphviz 需要依赖一个难以安装的 dot 库（用于转换图形文件），因此，这里采用 Matplotlib 来绘制决策树。可调用 sklearn.tree 模块中的 plot_tree() 函数，来实现决策树的可视化绘制，相应的代码如下：

```
from sklearn import tree
import matplotlib.pyplot as plt
fig, ax=plt.subplots(figsize=(10, 10))
tree.plot_tree(DecisionTree, feature_names=iris_dataset['feature_names'],
class_names=iris_dataset ['target_names'], filled=True)
```

程序运行结果如下，鸢尾花的决策树如图 11-3 所示。

```
[Text(0.4, 0.9, 'petal width (cm) <= 0.8\ngini = 0.665\nsamples = 112\nvalue = [37, 34, 41]\nclass
= virginica'),
  Text(0.3, 0.7, 'gini = 0.0\nsamples = 37\nvalue = [37, 0, 0]\nclass = setosa'),
```

Text(0.5, 0.7, 'petal length (cm) <= 4.95\ngini = 0.496\nsamples = 75\nvalue = [0, 34, 41]\nclass = virginica'),

Text(0.2, 0.5, 'petal width (cm) <= 1.65\ngini = 0.153\nsamples = 36\nvalue = [0, 33, 3]\nclass = versicolor'),

Text(0.1, 0.3, 'gini = 0.0\nsamples = 32\nvalue = [0, 32, 0]\nclass = versicolor'),

Text(0.3, 0.3, 'sepal width (cm) <= 3.1\ngini = 0.375\nsamples = 4\nvalue = [0, 1, 3]\nclass = virginica'),

Text(0.2, 0.1, 'gini = 0.0\nsamples = 3\nvalue = [0, 0, 3]\nclass = virginica'),

Text(0.4, 0.1, 'gini = 0.0\nsamples = 1\nvalue = [0, 1, 0]\nclass = versicolor'),

Text(0.8, 0.5, 'petal width (cm) <= 1.75\ngini = 0.05\nsamples = 39\nvalue = [0, 1, 38]\nclass = virginica'),

Text(0.7, 0.3, 'petal width (cm) <= 1.65\ngini = 0.375\nsamples = 4\nvalue = [0, 1, 3]\nclass = virginica'),

Text(0.6, 0.1, 'gini = 0.0\nsamples = 3\nvalue = [0, 0, 3]\nclass = virginica'),

Text(0.8, 0.1, 'gini = 0.0\nsamples = 1\nvalue = [0, 1, 0]\nclass = versicolor'),

Text(0.9, 0.3, 'gini = 0.0\nsamples = 35\nvalue = [0, 0, 35]\nclass = virginica')]

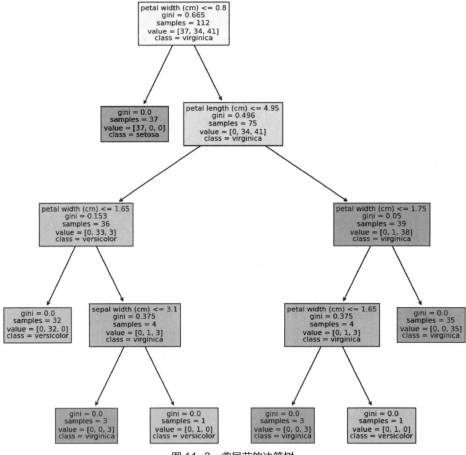

图11-3 鸢尾花的决策树

输出的结果中有13行信息，分别与图11-3中的各个方框里的内容相对应。

4. 特征的重要性排序

有了决策树分类器所产生的结果和图形，可以通过调用 feature_importances_属性来查看数据集中各特征的重要性排序。所产生的系数反映了每个特征的影响力，值越大表示该特征在分类中起到的作用越大。相应的代码如下：

```
DecisionTree.feature_importances_
```

代码运行结果如下：

```
array([0.        , 0.02014872, 0.39927524, 0.58057605])
```

可以发现，输出结果与 feature_names 的名称顺序是相匹配的，feature_names 的名称顺序依次是 sepal length（cm）、sepal width（cm）、petal length（cm）和 petal width（cm）。而输出结果中的 0.58057605 显示出 petal width 才是决策树分类中最重要的决定因素。为了更直观地表达，可用饼图显示出来，相应的代码如下：

```
#绘制饼图
fig, ax=plt.subplots(figsize=(10,10))
plt.pie(range(len(iris_dataset['feature_names'])), textprops={'fontsize':20},
        explode=(0.05, 0.05, 0.05, 0.05),
        labels=iris_dataset['feature_names'], labeldistance=0.2)
```

程序运行结果如下，鸢尾花的特征重要性分布饼图如图 11-4 所示。

```
([<matplotlib.patches.Wedge at 0x1c0fab0cd90>,
  <matplotlib.patches.Wedge at 0x1c0fab65710>,
  <matplotlib.patches.Wedge at 0x1c0fab7f9d0>,
  <matplotlib.patches.Wedge at 0x1c0fab90e90>],
 [Text(0.25, 0.0, 'sepal length (cm)'),
  Text(0.21650634899555224, 0.12500000337846456, 'sepal width (cm)'),
  Text(-0.12500001351385806, 0.2165063431438795, 'petal length (cm)'),
  Text(2.3406689207566922e-08, -0.24999999999999895, 'petal width (cm)')])
```

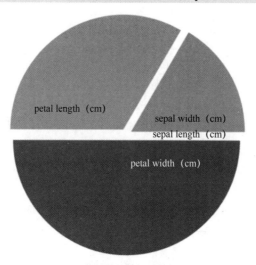

图 11-4　鸢尾花的特征重要性分布饼图

从图 11-4 中可以看出，sepal length（cm）在决策树分类中没有任何作用，而分类过程中起到作用最大的是 petal width（cm），占据了"半壁江山"。

5. 模型的评估

使用测试集对决策树分类器进行评估，主要通过计算精度（accuracy）来衡量模型的优劣程度，在这个数据集中，精度就是使用该决策树模型判断和预测正确的花所占的比例。相应的代码如下：

```
y_pred = DecisionTree.predict(X_test)
print("Test set predictions:\n {}".format(y_pred))
```

程序运行结果如下：

```
Test set predictions:
 [2 1 0 2 0 2 0 1 1 1 2 1 1 1 1 0 1 1 0 0 2 1 0 0 2 0 0 1 1 0 2 1 0 2 1 0 2]
```

通过输出的预测值 y_pred 与测试集 y_test 求平均值，代码如下：

```
import numpy as np
print("Test set score: {:.2f}".format(np.mean(y_pred == y_test)))
```

程序运行结果如下：

```
Test set score: 0.97
```

从输出结果可以发现，这个模型的精度约为 0.97，也就是说，预测有 97% 是正确的，这样的高精度，意味着模型有足够的可信度，是可以使用的。

以上决策树的生成和模型评估，使用的是基尼系数 Gini(D)。感兴趣的读者可以改用信息熵进行决策树的构建，还可以使用拆分器 splitter，观察和对比不同的决策树模型。

11.2 回归

回归是一种预测性的机器学习建模方法，它主要研究的是因变量（目标结果）和自变量（特征）之间的关系，关注的是两种或两种以上变量间相互依赖的定量关系。这种方法通常用于预测分析、时间序列模型和发现变量之间的因果关系等。因此，回归分析是进行预测分类和数据分析的重要工具。

11.2.1 回归的引入

在机器学习中，回归占据着重要的地位，比较著名的回归算法有：线性回归（linear regression）、逻辑回归（logistic regression）、多项式回归（polynomial regression）、逐步回归（stepwise regression）、岭回归（ridge regression）、套索回归（lasso regression）、弹性网络回归（elastic network regression）、决策树回归（decision tree regression）、随机森林回归（random forest regression）、梯度提升回归（gradient boosting regression）、支持向量机回归（support vector regression）、贝叶斯回归（bayes regression）和最近邻回归（k-nearest neighbors regression）。

以上的各种回归算法可以按 3 种方式进行分类：按照自变量的多少，可分为一元回归分析和多元回归分析；按照因变量的多少，可分为简单回归分析和多重回归分析；按照自变量和因变量之间的相关关系不同，又可分为线性回归分析和非线性回归分析。因此，回归算法可以是多种多样的，也可以在此基础上进行创造。

在回归算法的学习过程中，线性回归和逻辑回归是进行机器学习的首选算法。因此，在本章中，这两种回归算法就是重点学习的内容。

通常，线性回归主要是解决回归问题，比较适用于连续变量，其模型所产生的结果符合线性关系，能直观地表达变量之间的关系；而逻辑回归主要解决二分类问题，用来表示某件事情发生的可能性，比较适用于离散变量，其模型所产生的结果可以不符合线性关系，无法直观地表达变量之间的关系。

线性回归使用最小二乘法来估计参数，主要进行最小化预测值与实际值之间的均方误差；而逻辑回归则使用最大似然估计法来估计参数，主要是找到给定观察结果的概率最大的参数值。

线性回归主要用于预测，广泛应用于经济学、金融、生物统计学等领域。逻辑回归主要用于分类，广泛应用于信用评分、疾病预测等相关的领域。

在之前的章节里，介绍了决策树分类，因此，在这里先介绍逻辑回归，从而与之前的决策树分类进行对比。

11.2.2　逻辑回归

逻辑回归是一种广义线性的分类模型，其模型结构可以被视为一种类似于单层的神经网络，由输入层和含有 sigmoid 激活函数的神经元的输出层组成，中间无隐藏层。逻辑回归便于查找事件成功和失败的概率，因此广泛应用于分类问题。

在这里，继续结合 iris 数据集进行逻辑回归分析。这需要从 Python 的 sklearn. linear_model 模块中调用 LogisticRegression () 函数来实现，LogisticRegression () 函数中的 C 值是一个正则化强度的倒数，其约束条件为：s.t. ||w||1<C。C 值越小，则正则化强度越大，模型对损失函数的影响越大。代码如下：

```
from sklearn. linear_model import LogisticRegression
X = iris_dataset. data [:, :2]      #获取前两列
Y = iris_dataset. target
lr = LogisticRegression (C=1e5)        #创建逻辑回归模型，取 C=1e5 为目标函数
lr. fit (X, Y)    #训练并生成逻辑回归模型
```

程序运行结果如图 11-5 所示。

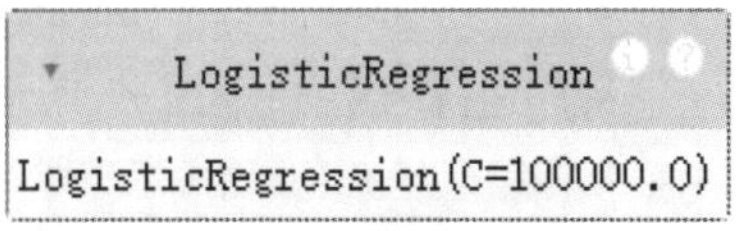

然后，结合之前的决策树特征的重要性结果，选择重要性最小的两列数据，即 sepal length 和 sepal width，每个点的坐标就是 (x, y)。先取 X 二维数组第一列的最小值、最大值和步长 h（设

图 11-5　逻辑回归模型

置为 0.02 ）生成数组，再取 X 二维数组第二列的最小值、最大值和步长 h 生成数组，最后用 meshgrid () 函数生成两个网格矩阵 xx 和 yy，代码如下：

```
#用 meshgrid () 函数生成两个网格矩阵
h = . 02    #步长
x_min, x_max = X [:, 0]. min () − .5, X [:, 0]. max () + .5
y_min, y_max = X [:, 1]. min () − .5, X [:, 1]. max () + .5
import numpy as np
xx, yy = np. meshgrid (np. arange (x_min, x_max, h), np. arange (y_min, y_max, h))
```

使用 lr. predict () 函数返回模型对每一条数据给出的预测的类标签，使用 np. c_ [xx. ravel (), yy. ravel ()] 获取矩阵，使用 ravel () 函数将生成的 xx 和 yy 两个矩阵转变成一维数组，使用 reshape () 函数改变数组的形状，代码如下：

```
Z = lr. predict (np. c_ [xx. ravel (), yy. ravel ()])
Z = Z. reshape (xx. shape)
```

使用 pcolormesh () 函数将 xx、yy 两个网格矩阵和对应的预测结果 Z 绘制成二维彩色图形，把二维数组的数值 xx、yy 和 Z 通过颜色映射的方式展示出来，代码如下：

```
import matplotlib. pyplot as plt
plt. figure (1, figsize= (7, 5))
```

```
plt.pcolormesh(xx, yy, Z, cmap=plt.cm.Paired)
```

程序运行结果如图 11-6 所示。

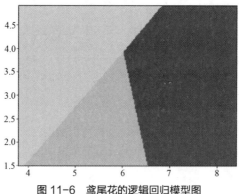

图 11-6 效果图

图 11-6 鸢尾花的逻辑回归模型图

通过调用 matplotlib.pyplot 模块,使用 scatter() 函数,把 3 种鸢尾花的 sepal length 和 sepal width 绘制成散点图,代码如下:

```
import matplotlib.pyplot as plt
plt.scatter(X[:50,0], X[:50,1], color='red',
            marker='o', label='setosa')
plt.scatter(X[50:100,0], X[50:100,1], color='blue',
            marker='x', label='versicolor')
plt.scatter(X[100:,0], X[100:,1], color='green',
            marker='s', label='virginica')
```

程序运行结果如图 11-7 所示。

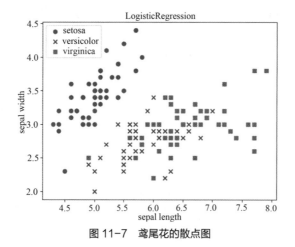

图 11-7 效果图

图 11-7 鸢尾花的散点图

为了更好地观察,将图 11-6 和图 11-7 所示的二维彩色图和散点图进行合并,并设置 x 轴和 y 轴的名称,代码如下:

```
plt.xlabel('sepal length ')
plt.ylabel('sepal width')
plt.xlim(xx.min(), xx.max())
plt.ylim(yy.min(), yy.max())
plt.xticks(())
```

```
plt. yticks (())
plt. title ("LogisticRegression")
plt. legend (loc=2)      #图例放置在左上角
plt. show ()
```

程序运行结果如图 11-8 所示。

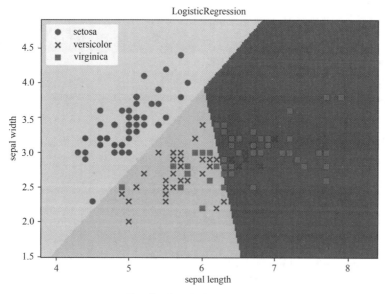

图 11-8 效果图

图 11-8　鸢尾花的相嵌散点分布的逻辑回归模型图

从图 11-8 中可以看出，可以通过逻辑回归模型将山鸢尾与杂色鸢尾和弗吉尼亚鸢尾明显地区别出来，因为图中所有的红点均分布在蓝色区域内，而杂色鸢尾和弗吉尼亚鸢尾只有少量的混淆。这也说明了，逻辑回归分析对异常值具有较好的稳定性，不太容易受到异常值的影响。

逻辑回归模型是一种基于概率的模型，它不要求自变量和因变量是线性关系，因此可以处理各种类型的关系。感兴趣的读者可以进一步使用不同的特征组合，对比所产生的图形有何区别。

11.2.3　线性回归

线性回归也被称为最小二乘回归，其因变量（y）是连续的，而自变量（x）可以是连续的，也可以是离散的，但本质是线性的。由于线性回归模型在学习中经常被举例使用，因此在 sklearn. linear_model 模块中就设置了 LinearRegression () 函数来实现这一功能。

1. 明确数据集的信息

为了方便观察，现用相应的代码来确定数据集的 4 个特征和 3 种鸢尾花的名称，并将这些信息追加到数据集中，这有助于清晰、明确地了解数据集信息。

首先，对特征和鸢尾花的名称进行确定，相应的代码如下：

```
print (iris_dataset. feature_names)
print (iris_dataset. target_names)
```

程序运行结果如下：

```
['sepal length (cm)', 'sepal width (cm)', 'petal length (cm)', 'petal width (cm)']
['setosa' 'versicolor' 'virginica']
```

之后，根据以上输出结果，将其追加到现有数据集中，相应的代码如下：

```
import pandas as pd
iris_dataset2 = pd.DataFrame(iris_dataset.data,
                columns=['sepal length', 'sepal width',
                    'petal length', 'petal width'])
#在4列数据值之后添加种类列
iris_dataset2 = iris_dataset2.assign(target=iris_dataset.target)
print(iris_dataset2)
```

程序运行结果如下：

	sepal length	sepal width	petal length	petal width	target
0	5.1	3.5	1.4	0.2	0
1	4.9	3.0	1.4	0.2	0
2	4.7	3.2	1.3	0.2	0
3	4.6	3.1	1.5	0.2	0
4	5.0	3.6	1.4	0.2	0
...	...	...	...	...	...
145	6.7	3.0	5.2	2.3	2
146	6.3	2.5	5.0	1.9	2
147	6.5	3.0	5.2	2.0	2
148	6.2	3.4	5.4	2.3	2
149	5.9	3.0	5.1	1.8	2

[150 rows × 5 columns]

由于数据集原有的种类列的信息是 0、1 和 2，不容易直观学习，因此追加一列来补充说明种类名称，相应的代码如下：

```
# 把种类列的0、1、2替换成相应的鸢尾花名称，追加相对应的一列来补充说明种类名称
iris_dataset3 = iris_dataset2.assign(target2=iris_dataset2['target'].
                    map({0:'setosa',
                        1:'versicolour',
                        2:'virginica'}))
print(iris_dataset3)
```

程序运行结果如下：

	sepal length	sepal width	petal length	petal width	target	target2
0	5.1	3.5	1.4	0.2	0	setosa
1	4.9	3.0	1.4	0.2	0	setosa
2	4.7	3.2	1.3	0.2	0	setosa
3	4.6	3.1	1.5	0.2	0	setosa
4	5.0	3.6	1.4	0.2	0	setosa
...	...	...	...	...	...	...
145	6.7	3.0	5.2	2.3	2	virginica
146	6.3	2.5	5.0	1.9	2	virginica
147	6.5	3.0	5.2	2.0	2	virginica
148	6.2	3.4	5.4	2.3	2	virginica
149	5.9	3.0	5.1	1.8	2	virginica

[150 rows × 6 columns]

接着，将 sepal length 与 sepal width、petal length 与 petal width 两两组合，进行线性回归建模和预测。

2. 花萼的线性回归

围绕鸢尾花的花萼对 sepal length 与 sepal width 进行线性回归建模，这需要从 Python 的 sklearn.linear_model 模块中调用 LinearRegression()函数来实现，相应的代码如下：

```
pos = pd.DataFrame(iris_dataset2)
#获取花萼的长和宽，转换 Series 为 ndarray
x1 = pos['sepal length'].values       #同时也是创建训练集 1
y1 = pos['sepal width'].values        #同时也是创建训练集 1
x1 = x1.reshape(len(x1),1)
y1 = y1.reshape(len(y1),1)
x1,y1    #显示结果，可省略


from sklearn.linear_model import LinearRegression
clf1 = LinearRegression()        #创建线性回归模型 1
clf1.fit(x1,y1)        #使用训练集 1 生成线性回归模型 1
pre1 = clf1.predict(x1)
print(pre1)    #显示预测的结果，可省略
import matplotlib.pyplot as plt
plt.scatter(x1,y1,s=50)     #设置散点的大小
plt.plot(x1,pre1,'r-',linewidth=3)     #设置回归线的颜色和粗细
for index, m in enumerate(x1):         #设置各散点到回归线的距离线颜色
    plt.plot([m,m], [y1[index],pre1[index]], 'y-')
plt.show()
```

程序运行结果如图 11-9 所示。

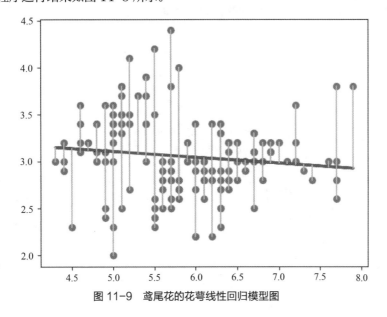

图 11-9 效果图

图 11-9　鸢尾花的花萼线性回归模型图

从图 11-9 中可以发现，红色线条是花萼长度和宽度的最佳拟合直线，其方程式为 y=(clf1.coef_)x + clf1.intercept_。其中 clf1.coef_为方程式的系数，clf1.intercept_为方程式的截距，而方程式的

系数和截距的求解代码如下：

```
print(u"系数", clf1.coef_)
print(u"截距", clf1.intercept_)
```

程序运行结果如下：

```
系数 [[-0.0618848]]
截距 [3.41894684]
```

3. 花瓣的线性回归

围绕鸢尾花的花瓣对 `petal length` 与 `petal width` 进行线性回归建模，这同样需要从 Python 的 sklearn.linear_model 模块中调用 LinearRegression() 函数来实现，相应的代码如下：

```
pos = pd.DataFrame(iris_dataset2)
#获取花瓣的长和宽，转换 Series 为 ndarray
x2 = pos['petal length'].values        #同时也是创建训练集 2
y2 = pos['petal width'].values         #同时也是创建训练集 2
x2 = x2.reshape(len(x2), 1)
y2 = y2.reshape(len(y2), 1)
x2, y2        #显示结果，可省略


from sklearn.linear_model import LinearRegression
clf2 = LinearRegression()        #创建线性回归模型 2
clf2.fit(x2, y2)        #使用训练集 2 生成线性回归模型 2
pre2 = clf2.predict(x2)    #使用训练好的模型（clf2）对测试数据 X_test 进行预测
print(pre2)        #显示预测的结果，可省略
plt.scatter(x2, y2, s=50)    #设置散点的大小
plt.plot(x2, pre2, 'r-', linewidth=3)        #设置回归线的颜色和粗细
for idx, m in enumerate(x2):
    plt.plot([m, m], [y2[idx], pre2[idx]], 'y-')    #设置各散点到回归线的距离线颜色
plt.show()
```

程序运行结果如图 11-10 所示。

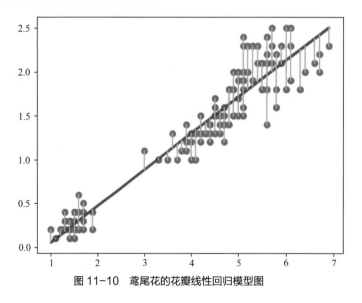

图 11-10　鸢尾花的花瓣线性回归模型图

图 11-10 效果图

从图 11-10 中可以发现，红色线条是花瓣长度和宽度的最佳拟合直线，其方程式为 y=(clf2. coef_)x + clf2. intercept_。其中 clf2. coef_ 为方程式的系数，clf2. intercept_ 为方程式的截距，而方程式的系数和截距的求解代码如下：

```
print(u"系数", clf2.coef_)
print(u"截距", clf2.intercept_)
```

程序运行结果如下：

```
系数 [[0.41575542]]
截距 [-0.36307552]
```

4. 花萼和花瓣的预测

现根据上述产生的两个回归模型，分别通过花萼和花瓣的长度来预测其宽度。

假设有一朵花，其花萼长度为 4.9cm，花瓣长度为 1.39cm，则其花萼宽度和花瓣宽度可通过如下代码进行预测：

```
print(clf1.predict([[4.9]]))
print(clf2.predict([[1.39]]))
```

程序运行结果如下：

```
[[3.11571133]]
[[0.21482451]]
```

将输出结果与数据集里的数值进行比较，可以发现其误差不大，因此所产生的线性回归模型可以使用。

最后，要说明的是，线性回归虽然是机器学习中最简单的一种算法，它可以通过最佳拟合直线（也称为回归线）建立起因变量（ y ）与一个或多个自变量（ x ）之间的关系，但由于其功能有限，在实际应用中并不是最佳选择。通常，该算法可以用来评估和比较科学研究过程中所提出的新算法。

11.3　聚类

平常人们所说的"物以类聚，人以群分"，说的就是一种聚类的表现形式。在机器学习和大数据分析算法中，通常把相似元素的集合归为一类。类可以通过有指导、有监督的分类算法来产生，也可以通过无指导、无监督的聚类算法来产生。

聚类是将数据对象的集合分成相似的对象类的过程。聚类分析是在没有给定划分类别的情况下，根据数据相似度进行样本分组的一种方法。

聚类分析以相似性为基础，聚类的目标和评价标准是使组内的对象相互之间是相似的（相关的），而不同组内的对象是不同的（不相关的），即组内的相似性越大，组间差别越大，聚类效果就越好。

聚类算法非常丰富，通常可分为 5 类：基于划分的算法、基于层次的算法、基于密度的算法、基于网格的算法和基于模型的算法。其中，基于划分的算法主要有 K-Means 聚类算法、k-medoids 算法、CLARANS 算法等；基于层次的算法主要有 AGNES 算法（自底向上）、DIANA 算法（自顶向下）、BIRCH 算法、CURE 算法、Chameleon 算法等；基于密度的算法主要有 DBSCAN 算法、OPTICS 算法、DENCLUE 算法等；基于网格的算法主要有 STING 算法、CLIQUE 算法、Wave-Cluster 算法等；基于模型的算法主要有统计和神经网络两种。

本节主要讲解 K-means 聚类算法。

215

11.3.1　K-Means 聚类算法的介绍

K-Means 聚类算法是经典的基于距离划分的聚类算法，它通过迭代计算，将数据点划分为 k 个簇，使得每个数据点到其所在簇中心的距离之和最小。其应用场景主要包括市场细分、客户群划分、异常检测、图像分割和特征提取等。

K-Means 聚类算法需要预先设置一个参数 k（k 个初始聚类中心）（也可由算法随机产生指定），即将数据集进行聚类的数目，也是 k 个簇的初始聚类"中心"。这样，每个簇有一个中心点，各个数据点被分配到最近的中心点所在的簇中。然后，通过迭代更新每个簇的中心点，使得结果为同一类簇中的对象相似度最高，不同类簇中的数据相似度最低。其聚类处理过程如下：

（1）随机选择 k 个点作为初始的聚类中心；

（2）对于剩下的点，根据其与聚类中心的距离，将其归入最近的簇；

（3）对每个簇，计算所有点的均值作为新的聚类中心；

（4）重复步骤（2）和（3），直到聚类中心不再发生改变。

K-Means 聚类算法试图最小化簇内误差平方和，常用的衡量标准是 SSE（Sum of the Squared Errors，误差平方和），其目标函数公式为：

$$\text{SSE} = \sum_{i=1}^{k} \sum_{x \in S_i} \left\| x - \mu_i \right\|^2 \tag{11-8}$$

其中，μ_i 是簇 S_i 的中心，x 是簇 S_i 内的点，$\left\| x - \mu_i \right\|$ 是点 x 到簇中心 μ_i 的欧几里得距离。这里的欧几里得距离主要用来衡量多维空间中两点间的距离，也是常用的距离度量方法，其公式为：

$$\left\| x - \mu_i \right\| = \sqrt{\left(x_1 - \mu_{i1}\right)^2 + \left(x_2 - \mu_{i2}\right)^2} \tag{11-9}$$

其中，x_1 和 x_2 是点 x 的坐标位置，μ_{i1} 和 μ_{i2} 是簇 S_i 中心点的坐标位置。

K-Means 聚类算法的优点是：模型简单、直观，易于理解；具有较好的可扩展性；对异常值不敏感。其缺点是：对初始选择的 k 值和初始中心点敏感，不同的初始参数可能导致不同的聚类结果；对参数敏感，易陷入局部最优解而非全局最优解；只能发现球形簇，对于非球形簇可能无法准确识别；对于高维数据，计算量较大。

11.3.2　K-Means 聚类算法的实现

1. 聚类模型的生成

在 Python 程序设计中，使用 sklearn 库的估计器可以构建 K-Means 聚类模型。这主要是利用 sklearn.cluster.KMeans() 函数来构造 K-Means 聚类器，用 fit() 函数对算法进行训练，对训练后的结果标签可以通过估计器的 labels_ 进行预测。在这里，选择鸢尾花数据集 iris 的数据部分作为自变量、目标值作为因变量，进行 K-Means 聚类模型的训练，编写代码如下：

```
from sklearn.cluster import KMeans


iris_X = iris_dataset.data      #设置数据集的数据部分为自变量
iris_y = iris_dataset.target    #设置数据集的目标值为因变量
```

```
clf = KMeans(n_clusters=3)        #创建 K-Means 聚类模型
clf.fit(iris_X)                   #使用自变量训练并生成模型
```

程序运行结果如图 11-11 所示。

模型生成后，由于有 3 种花型，故可以通过模型得知 3 种花型所产生的 3 种簇的簇中心值，相应的代码如下：

图 11-11　K-Means 聚类模型图

```
clf.cluster_centers_        #观察簇的中心值
```

程序运行结果如下：

```
array([[5.006     , 3.428     , 1.462     , 0.246     ],
       [6.85384615, 3.07692308, 5.71538462, 2.05384615],
       [5.88360656, 2.74098361, 4.38852459, 1.43442623]])
```

为了更好地观察出聚类和簇中心值效果，选择 sepal length 与 sepal width，使用 plt.scatter() 函数绘制散点图，用红、绿、蓝三原色分别显示山鸢尾、杂色鸢尾和弗吉尼亚鸢尾，用暗红、暗绿和暗蓝 3 种颜色分别显示 3 种花型的簇中心值，并用 "+" 进行标记，相应的代码如下：

```
import matplotlib.pyplot as plt
from matplotlib.colors import ListedColormap
import numpy as np

plt.figure(figsize = (8,8))
plt.scatter(iris_X[:, 0], iris_X[:, 1], c=clf.labels_,
            cmap=ListedColormap(['red', 'green', 'blue']), label='label0')
plt.scatter(clf.cluster_centers_[:,0], clf.cluster_centers_[:,1],
            c=np.array([0,1,2]),
            marker = '+', s=500,
            cmap=ListedColormap(['darkred', 'darkgreen', 'darkblue']), label='label1')
plt.show()
```

程序运行结果如图 11-12 所示。

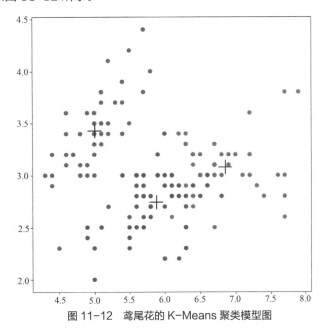

图 11-12　鸢尾花的 K-Means 聚类模型图

217

2. 聚类前后的对比

使用机器学习的效果如何？聚类前后所产生的结果怎样？这可以通过 K-Means 聚类结果和实际样本之间的可视化对比来得出结论，相应的代码如下：

```
K_Means_labels = clf.labels_        #设置聚类后的标签和实际样本的标签一致

fig, axes = plt.subplots(1, 2, figsize=(16, 8))
axes[0].scatter(iris_X[:, 0], iris_X[:, 1], c=iris_y,
                cmap=ListedColormap(['red', 'green', 'blue']))
axes[1].scatter(iris_X[:, 0], iris_X[:, 1], c=K_Means_labels,
                cmap=ListedColormap(['red', 'green', 'blue']))
axes[0].set_xlabel('sepal length', fontsize=15)
axes[0].set_ylabel('sepal width', fontsize=15)
axes[1].set_xlabel('sepal length', fontsize=15)
axes[1].set_ylabel('sepal width', fontsize=15)
axes[0].set_title('Actual', fontsize=17)
axes[1].set_title('K-Means', fontsize=17)
```

程序运行结果如图 11-13 所示。

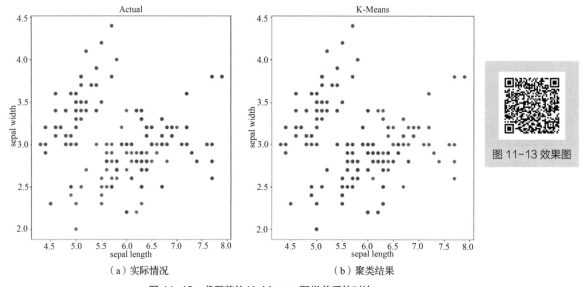

（a）实际情况　　　　　　　　　　　（b）聚类结果

图 11-13　鸢尾花的 K-Means 聚类前后的对比

图 11-13 效果图

图 11-13 所示是 K-Means 聚类后，所产生的结果和实际样本之间的对比，图 11-13（a）所示是实际情况，图 11-13（b）所示是聚类结果。通过图的对比，可以发现：无论是在聚类分析前，还是在聚类分析后，红色的山鸢尾均是可以明显形成一类的，与其他两类有较大的差别；而实际结果中绿色和蓝色类别的杂色鸢尾和弗吉尼亚鸢尾在数据表现上有一些交叉，聚类算法无法智能到将这两种鸢尾花交叉在一起的点区分开。

思维导图

本章思维导图如图 11-14 所示。

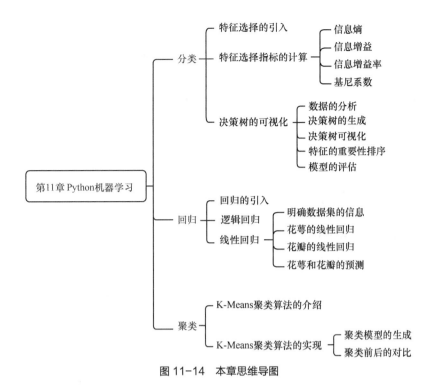

图 11-14　本章思维导图

课后习题

一、选择题

1. 决策树是一种（　　）结构，其组成包括节点和有向边。
   A. 线形　　　　　　B. 环形　　　　　　C. 树形　　　　　　D. 梯形

2. 信息增益是基于（　　）而定义的。
   A. 信息量　　　　　B. 信息密度　　　　C. 信息差　　　　　D. 信息熵

3. 线性回归主要使用（　　）乘法来估计参数。
   A. 最小二　　　　　B. 最大二　　　　　C. 极小差　　　　　D. 极大值

4. 逻辑回归使用（　　）估计法来估计参数。
   A. 最小似然　　　　B. 最大似然　　　　C. 最小必然　　　　D. 最大必然

5. K-Means 聚类算法是经典的基于（　　）的聚类算法。
   A. 距离划分　　　　B. 上下层次　　　　C. 模型　　　　　　D. 密度

二、判断题

1. 决策树的每个内部节点表示一个属性特征，每个叶子节点表示一个类别。（　　）

2. 特征选择是进行决策树分析的最后一步。（　　）

3. 在决策树中，信息增益通常用于 ID3 算法。（　　）

4. 逻辑回归模型是一种基于网格的模型。（　　）

5. 在决策树中，基尼系数通常用于 CART 算法。（　　）

三、填空题

1. 决策树节点有两种类型，分别是内部节点和_____节点。
2. 在决策树中，信息_____通常用于 C4.5 算法。
3. 聚类是将数据对象的集合分成_____的对象类的过程。
4. 信息熵主要用于描述和度量信息的_____性。
5. K-Means 聚类算法试图最小化簇内_____平方和。

四、简答题

1. 机器学习的算法有哪些？
2. 决策树算法的优缺点是什么？
3. 线性回归算法的优缺点是什么？
4. 逻辑回归算法的优缺点是什么？

章节实训

一、实训内容

基于红酒 wine 数据集的机器学习分析。

二、实训目标

通过对红酒 wine 数据集的分类、回归和聚类分析，熟练掌握机器学习算法的应用。

三、实训思路

借鉴本章内容，引入 Python 自带的红酒 wine 数据集，根据书中的相应代码，来实现决策树、线性回归、逻辑回归和 K-Means 聚类的可视化。